"十三五"国家重点图书出版规划项目

智能制造
系 I 列 I 丛 I 书

区块链+智能制造
技术与应用

袁勇 王飞跃 著

BLOCKCHAIN + INTELLIGENT MANUFACTURING
TECHNIQUES AND APPLICATIONS

清华大学出版社
北京

图书在版编目（CIP）数据

区块链＋智能制造：技术与应用 / 袁勇，王飞跃著 . —北京：清华大学出版社，2021.5（2023.8 重印）
（智能制造系列丛书）
ISBN 978-7-302-55988-7

Ⅰ.①区… Ⅱ.①袁…②王… Ⅲ.①电子商务—支付方式—应用—智能制造系统 Ⅳ.①TH166

中国版本图书馆 CIP 数据核字（2020）第 121790 号

责任编辑：许 龙
封面设计：李召霞
责任校对：王淑云
责任印制：沈 露

出版发行：清华大学出版社
　　　　网　　　址：http://www.tup.com.cn，http://www.wqbook.com
　　　　地　　　址：北京清华大学学研大厦 A 座　　　　邮　　编：100084
　　　　社 总 机：010-83470000　　　　　　　　　　邮　　购：010-62786544
　　　　投稿与读者服务：010-62776969，c-service@tup.tsinghua.edu.cn
　　　　质量反馈：010-62772015，zhiliang@tup.tsinghua.edu.cn
印 装 者：涿州市般润文化传播有限公司
经　　销：全国新华书店
开　　本：170mm×240mm　　　印　　张：14.75　　　字　　数：254 千字
版　　次：2021 年 5 月第 1 版　　　　　　　印　　次：2023 年 8 月第 4 次印刷
定　　价：55.00 元

产品编号：085195-01

制造业是国民经济的主体，是立国之本、兴国之器、强国之基。习近平总书记在党的十九大报告中号召："加快建设制造强国，加快发展先进制造业。"他指出："要以智能制造为主攻方向推动产业技术变革和优化升级，推动制造业产业模式和企业形态根本性转变，以'鼎新'带动'革故'，以增量带动存量，促进我国产业迈向全球价值链中高端。"

智能制造——制造业数字化、网络化、智能化，是我国制造业创新发展的主要抓手，是我国制造业转型升级的主要路径，是加快建设制造强国的主攻方向。

当前，新一轮工业革命方兴未艾，其根本动力在于新一轮科技革命。21世纪以来，互联网、云计算、大数据等新一代信息技术飞速发展。这些历史性的技术进步，集中汇聚在新一代人工智能技术的战略性突破，新一代人工智能已经成为新一轮科技革命的核心技术。

新一代人工智能技术与先进制造技术的深度融合，形成了新一代智能制造技术，成为新一轮工业革命的核心驱动力。新一代智能制造的突破和广泛应用将重塑制造业的技术体系、生产模式、产业形态，实现第四次工业革命。

新一轮科技革命和产业变革与我国加快转变经济发展方式形成历史性交汇，智能制造是一个关键的交汇点。中国制造业要抓住这个历史机遇，创新引领高质量发展，实现向世界产业链中高端的跨越发展。

智能制造是一个"大系统"，贯穿于产品、制造、服务全生命周期的各个环节，由智能产品、智能生产及智能服务三大功能系统以及工业智联网和智能制造云两大支撑系统集合而成。其中，智能产品是主体，智能生产是主线，以智能服务为中心的产业模式变革是主题，工业智联网和智能制造云是支撑，系统集成将智能制造各功能系统和支撑系统集成为新一代智能制造系统。

智能制造是一个"大概念"，是信息技术与制造技术的深度融合。从20

世纪中叶到 90 年代中期，以计算、感知、通信和控制为主要特征的信息化催生了数字化制造；从 90 年代中期开始，以互联网为主要特征的信息化催生了"互联网＋制造"；当前，以新一代人工智能为主要特征的信息化开创了新一代智能制造的新阶段。这就形成了智能制造的三种基本范式，即：数字化制造（digital manufacturing）——第一代智能制造；数字化网络化制造（smart manufacturing）——"互联网＋制造"或第二代智能制造，本质上是"互联网＋数字化制造"；数字化网络化智能化制造（intelligent manufacturing）——新一代智能制造，本质上是"智能＋互联网＋数字化制造"。这三个基本范式次第展开又相互交织，体现了智能制造的"大概念"特征。

对中国而言，不必走西方发达国家顺序发展的老路，应发挥后发优势，采取三个基本范式"并行推进、融合发展"的技术路线。一方面，我们必须实事求是，因企制宜、循序渐进地推进企业的技术改造、智能升级，我国制造企业特别是广大中小企业还远远没有实现"数字化制造"，必须扎扎实实完成数字化"补课"，打好数字化基础；另一方面，我们必须坚持"创新引领"，可直接利用互联网、大数据、人工智能等先进技术，"以高打低"，走出一条并行推进智能制造的新路。企业是推进智能制造的主体，每个企业要根据自身实际，总体规划、分步实施、重点突破、全面推进，产学研协调创新，实现企业的技术改造、智能升级。

未来 20 年，我国智能制造的发展总体将分成两个阶段。第一阶段：到 2025 年，"互联网＋制造"——数字化网络化制造在全国得到大规模推广应用；同时，新一代智能制造试点示范取得显著成果。第二阶段：到 2035 年，新一代智能制造在全国制造业实现大规模推广应用，实现中国制造业的智能升级。

推进智能制造，最根本的要靠"人"，动员千军万马、组织精兵强将，必须以人为本。智能制造技术的教育和培训，已经成为推进智能制造的当务之急，也是实现智能制造的最重要的保证。

为推动我国智能制造人才培养，中国机械工程学会和清华大学出版社组织国内知名专家，经过三年的扎实工作，编著了"智能制造系列丛书"。这套丛书是编著者多年研究成果与工作经验的总结，具有很高的学术前瞻性与工程实践性。丛书主要面向从事智能制造的工程技术人员，亦可作为研究生或本科生的教材。

在智能制造急需人才的关键时刻，及时出版这样一套丛书具有重要意义，为推动我国智能制造发展作出了突出贡献。我们衷心感谢各位作者付出的心血和劳动，感谢编委会全体同志的不懈努力，感谢中国机械工程学会与清华大学出版社的精心策划和鼎力投入。

衷心希望这套丛书在工程实践中不断进步、更精更好，衷心希望广大读者喜欢这套丛书、支持这套丛书。

让我们大家共同努力，为实现建设制造强国的中国梦而奋斗。

周济

2019 年 3 月

技术进展之快，市场竞争之烈，大国较劲之剧，在今天这个时代体现得淋漓尽致。

世界各国都在积极采取行动，美国的"先进制造伙伴计划"、德国的"工业 4.0 战略计划"、英国的"工业 2050 战略"、法国的"新工业法国计划"、日本的"超智能社会 5.0 战略"、韩国的"制造业创新 3.0 计划"，都将发展智能制造作为本国构建制造业竞争优势的关键举措。

中国自然不能成为这个时代的旁观者，我们无意较劲，只想通过合作竞争实现国家崛起。大国崛起离不开制造业的强大，所以中国希望建成制造强国、以制造而强国，实乃情理之中。制造强国战略之主攻方向和关键举措是智能制造，这一点已经成为中国政府、工业界和学术界的共识。

制造企业普遍面临着提高质量、增加效率、降低成本和敏捷适应广大用户不断增长的个性化消费需求，同时还需要应对进一步加大的资源、能源和环境等约束之挑战。然而，现有制造体系和制造水平已经难以满足高端化、个性化、智能化产品与服务的需求，制造业进一步发展所面临的瓶颈和困难迫切需要制造业的技术创新和智能升级。

作为先进信息技术与先进制造技术的深度融合，智能制造的理念和技术贯穿于产品设计、制造、服务等全生命周期的各个环节及相应系统，旨在不断提升企业的产品质量、效益、服务水平，减少资源消耗，推动制造业创新、绿色、协调、开放、共享发展。总之，面临新一轮工业革命，中国要以信息技术与制造业深度融合为主线，以智能制造为主攻方向，推进制造业的高质量发展。

尽管智能制造的大潮在中国滚滚而来，尽管政府、工业界和学术界都认识到智能制造的重要性，但是不得不承认，关注智能制造的大多数人（本人自然也在其中）对智能制造的认识还是片面的、肤浅的。政府勾画的蓝图虽气势磅礴、宏伟壮观，但仍有很多实施者感到无从下手；学者们高谈阔论的宏观理念或基本概念虽至关重要，但如何见诸实践，许多人依然不得要领；企业的实践者们侃侃而谈的多是当年制造业信息化时代的陈年酒酿，尽管依旧散发清香，却还是少了一点智能制造的气息。有些人看到"百万工业企业上云，实施百万工业 APP 培育工程"时劲头十足，可真准备大干一场的时候，又仿佛云里雾里。常常听学者们言，CPS（cyber-physical systems，信息物理系统）是工业 4.0 和智能制造的核心要素，CPS 万不能离开数字孪生体（digital twin）。可数字孪生体到底如何构建？学者也好，工程师也好，少有人能够清晰道来。又如，大数据之重要性日渐为人们所知，可有了数据后，又如何分析？如何从中提炼知识？企业人士鲜有知其个中究竟的。至于关键词"智能"，什么样的制造真正是"智能"制造？未来制造将"智能"到何种程度？解读纷纷，莫衷一是。我的一位老师，也是真正的智者，他说："智能制造有几分能说清楚？还有几分是糊里又糊涂。"

所以，今天中国散见的学者高论和专家见解还远不能满足智能制造相关的研究者和实践者们之所需。人们既需要微观的深刻认识，也需要宏观的系统把握；既需要实实在在的智能传感器、控制器，也需要看起来虚无缥缈的"云"；既需要对理念和本质的体悟，也需要对可操作性的明晰；既需要互联的快捷，也需要互联的标准；既需要数据的通达，也需要数据的安全；既需要对未来的前瞻和追求，也需要对当下的实事求是……如此等等。满足多方位的需求，从多视角看智能制造，正是这套丛书的初衷。

为助力中国制造业高质量发展，推动我国走向新一代智能制造，中国机械工程学会和清华大学出版社组织国内知名的院士和专家编写了"智能制造系列丛书"。本丛书以智能制造为主线，考虑智能制造"新四基"［即"一硬"（自动控制和感知硬件）、"一软"（工业核心软件）、"一网"（工业互联网）、"一台"（工业云和智能服务平台）］的要求，由 30 个分册组成。除《智能制造：技术前沿与探索应用》《智能制造标准化》《智能制造实践指南》3 个分册外，其余包含了以下五大板块：智能制造模式、智能设计、智能传感与装备、智能制造使能技术以及智能制造管理技术。

本丛书编写者包括高校、工业界拔尖的带头人和奋战在一线的科研人员，有着丰富的智能制造相关技术的科研和实践经验。虽然每一位作者未必对智能制造有全面认识，但这个作者群体的知识对于试图全面认识智能制造或深刻理解某方面技术的人而言，无疑能有莫大的帮助。丛书面向从事智能制造工作的工程师、科研人员、教师和研究生，兼顾学术前瞻性和对企业的指导意义，既有对理论和方法的描述，也有实际应用案例。编写者经过反复研讨、修订和论证，终于完成了本丛书的编写工作。必须指出，这套丛书肯定不是完美的，或许完美本身就不存在，更何况智能制造大潮中学界和业界的急迫需求也不能等待对完美的寻求。当然，这也不能成为掩盖丛书存在缺陷的理由。我们深知，疏漏和错误在所难免，在这里也希望同行专家和读者对本丛书批评指正，不吝赐教。

在"智能制造系列丛书"编写的基础上，我们还开发了智能制造资源库及知识服务平台，该平台以用户需求为中心，以专业知识内容和互联网信息搜索查询为基础，为用户提供有用的信息和知识，打造智能制造领域"共创、共享、共赢"的学术生态圈和教育教学系统。

我非常荣幸为本丛书写序，更乐意向全国广大读者推荐这套丛书。相信这套丛书的出版能够促进中国制造业高质量发展，对中国的制造强国战略能有特别的意义。丛书编写过程中，我有幸认识了很多朋友，向他们学到很多东西，在此向他们表示衷心感谢。

需要特别指出，智能制造技术是不断发展的。因此，"智能制造系列丛书"今后还需要不断更新。衷心希望，此丛书的作者们及其他的智能制造研究者和实践者们贡献他们的才智，不断丰富这套丛书的内容，使其始终贴近智能制造实践的需求，始终跟随智能制造的发展趋势。

2019 年 3 月

人工智能若能真正落地，必须要在实体经济的最前沿制造业中发挥作用。为此，人工智能与区块链方法结合，形成区块链智能和相关技术，将是中国制造迈向中国智造的关键。

智能制造的基础是大数据。然而，智能制造如果只是建立在海量、碎片化、非结构、质量良莠不齐的大数据之上，就如同直接在沙基上盖楼，一定盖不高。区块链技术可以为智能制造奠定坚实的"钢筋混凝土"地基：区块链智能可以将散落在制造体系各个角落的大数据和智能体连接起来，使其可信、可靠、自主地协同工作和运行，将点状的人工智能、大数据技术系统连接成社会化的大智能系统。

只有加上区块链的力量，智能制造才算上了真道。何为"真"（TRUE）"道"（DAO）？"真"代表着可信（trustable）、可靠（reliable）、可用（useful）、高效（effective，efficient）；"道"则代表着分布式去中心化（distributed，decentralized）、自主式的自动化（autonomous，automated）、组织化的有序性（organized，ordered）。一旦实现了区块链之真道和此"道"上的知识机器人体系，传统上难以流通和商品化的"信任"和"注意力"将不可避免地成为可以批量化制造的新"商品"，革命性地扩展制造和经济生态的范围，并借助智联网迅速演化形成边际效益递增的新型智能大经济（big economy of intelligence，BEI）。

这么一来，我们就实现了所谓的"合一体"：人机结合，知行合一，虚实一体。我们就能进入新的空间——CPSS（cyber-physical-social systems，社会物理信息系统），其中第一个 S 代表人和社会因素必须结合在一起并加入管理和控制中，只有这样才能实现智能制造从"工业 4.0"演进到"工业 5.0"。未来的机器，将会是 CPSS 的平行机。它能够把社会、物理和信息三个空间打通，把物理形态的牛顿机和数字形态的默顿机合二为一，把云端与边缘端无缝联合，把小数据导成大数据、大数据再炼成深度智能。未来的制造模式将是 DT，不只是数字双胞胎（digital twin），而至少是四胞胎 (double twin)，是物理、描述、预测、引导四合一的虚实互动之平行制造模式。

正是基于这样的认识，我们综合过去团队发表的论文，组织队伍编写了这本《区块链 + 智能制造：技术与应用》。本书共分 8 章。第 1 章全面概述智能制造的概念、历史、现状与技术；第 2 章分析智能制造目前面临的机遇与挑战，以及区块链技术在应对这些挑战时的优势与作用；第 3 章阐述区块链技术的发展现状、架构模型，以及若干关键技术与方法；第 4 章从数据管理、身份管理和访问控制管理三个方面讨论区块链在制造业管理中的重要作用；第 5 章探讨区块链技术在分布式制造和云制造领域中的应用现状与典型案例；第 6 章重点关注区块链在新兴的社会制造模式中的应用；第 7 章给出区块链与物联网技术相结合的问题与挑战，以及二者在智能制造中的关键技术和典型案例；第 8 章阐述区块链技术赋能的平行制造及其相关的理论与方法体系。

在两年时间的编写过程中，本书得到了诸多业内专家和学者的大力支持，在此表示衷心的感谢。特别感谢复杂系统管理与控制国家重点实验室平行区块链团队的秦蕊、李娟娟、欧阳丽炜、王帅、曾帅、倪晓春和韩璇在本书素材整理和编写过程中给予的帮助。感谢中国人民大学数学学院的领导和同事在本书成稿过程中的建设性建议和讨论。感谢清华大学出版社在本书出版过程中给予的全方位支持。

最后，希望本书能为推动区块链技术在智能制造领域的实际应用做出一点微薄的贡献。

袁　勇　王飞跃

2020 年 5 月

Contents | **目录**

第 3 章　区块链相关技术与方法

1.1 智能制造的概念与定义

1.1.1 制造与制造业

制造是人类社会活动的重要组成部分。一般来说，制造的概念包含狭义和广义两个方面。狭义的制造是指生产车间内与物流有关的加工和装配过程；广义的制造不仅包括具体的工艺过程，还包括市场分析、产品设计、质量监控、生产过程、管理营销、售后服务直至产品报废处理等在内的整个产品生命周期内一系列相互联系的生产活动[1]。随着制造活动的标准化、规模化和社会化，制造业逐渐形成和完善，并成为社会生产和经济增长的主要引擎。制造业是指机械工业时代按照市场要求，通过制造过程，将制造资源（物料、能源、设备、工具、资金、技术、信息和人力等）转化为可供人们使用和利用的大型工具、工业品与生活消费产品的行业。制造业包括产品制造、设计、原料采购、设备组装、仓储运输、订单处理、批发经营、零售等多个环节[2]。

制造业兴起于 18 世纪后期，迄今为止经历了机械制造、电气化与自动化、电子信息化、网络和智能化四个发展阶段，并正在向第五个阶段（即平行制造）快速演进。

制造业的发展历程与趋势如图 1-1 所示[3]。

第一阶段称为机械制造时代，即"工业 1.0"时代，开始于 18 世纪英国发起的第一次工业革命。这次革命以工作机的诞生为起点，以蒸汽机作为动力机被广泛应用为标志。传统的手工劳动被机器取代，传统的手工工场被大规模的机械化工厂取代，传统的以农业、手工业为基础的社会经济模式逐渐被以工业和机械制造业为基础的社会经济模式取代，由此形成了制造企业的

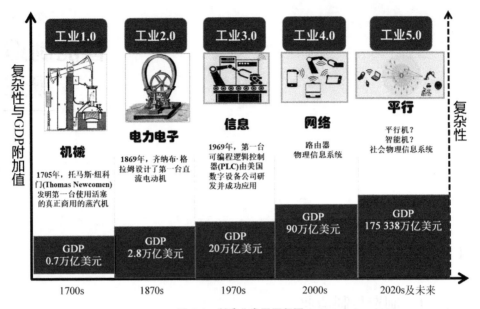

图 1-1 制造业发展历程图

雏形以及作坊式的企业管理模式，极大地改变了落后的生产方式，并有效提高了生产力水平。

第二阶段称为电气化与自动化时代，即"工业 2.0"时代。19 世纪六七十年代开始，在欧洲、美国、日本等国家和地区相继出现了发电机、电灯、电车、电影放映机等新兴技术和重大发明，并被广泛应用于各种工业生产领域。在这种形势下，第二次工业革命蓬勃兴起，将人类社会从机械制造时代推动到电气化与自动化时代。在这一时代，电气逐渐代替机械，电力也取代蒸汽机，成为动力的新能源。

第三阶段是电子信息时代，即"工业 3.0"时代。第三次工业革命兴起于美国，其主要标志是原子能、电子计算机、空间技术和生物工程的发明和应用，这次工业革命涉及信息技术、新能源技术、新材料技术、生物技术、空间技术和海洋技术等诸多领域，是一场信息控制技术的革命。在这次工业革命中，人造地球卫星、航天飞机、原子弹、氢弹、核武器等相继诞生，推动了人类社会的空间技术发展。此外，电子计算机技术也取得重大突破，第一代计算机、大规模集成电路、智能计算机、光子计算机、生物计算机等相继出现，并被应用于制造业，大幅提高了制造过程中的自动化控制程度，极大提升了生产效率、良品率、分工合作和机械设备寿命，从而将制造业推进到了电子信息时代。

第四阶段称为网络和智能化时代，即"工业 4.0"时代。"工业 4.0"的概念是在 2013 年的德国汉诺威工业博览会上被提出来的，之后第四次工业革命在中国、美国、德国、日本等科技大国兴起。第四次工业革命是以人工智能、机器人技术、虚拟现实、量子信息技术、可控核聚变、清洁能源以及生物技术为突破口的工业革命。在这次工业革命中，信息物理系统（cyber-physical systems，CPS）出现，并将通信的数字技术与软件、传感器和纳米技术相结合。同时，生物、物理和数字技术也相互融合。在第四次工业革命浪潮下，工业机器人等先进制造业领域得到快速发展，互联网、大数据、云计算、物联网等新兴技术与工业生产相结合，实现了工厂智能化生产，从而将制造业推动到了智能化时代，并催生了智能制造。

第五阶段是即将到来（或者已经到来）的平行制造时代，即"工业 5.0"时代 [4]。随着工业智能技术在广度和深度上的进一步发展，即将出现智能大工业和制造产业新形态，而这些新形态都是以互相融合纠缠、平行演化的实际与虚拟制造体系为最大特征的，而且最终虚拟数字工业会主导这个虚实纠缠的系统，而这正是未来"工业 5.0"的核心特征。平行制造时代将会跨越 CPS，把人和社会等复杂因素纳入制造系统而形成社会物理信息系统（cyber-physical-social systems，CPSS），并基于平行系统理论、工业智联网、智能区块链等新一代智能技术实现虚实结合、人机一体化的制造模式。目前制造业新兴的数字孪生技术就可以视为平行制造的雏形 [5-7]。

1.1.2　智能制造的定义

1988 年，美国纽约大学的保罗·肯尼斯·怀特教授（Paul Kenneth Wright）和卡内基梅隆大学的大卫·阿兰·布恩教授（David Alan Bourne）合作出版了 *Manufacturing Intelligence* 一书，首次提出了智能制造（intelligent manufacturing）的概念 [8]，指出"智能制造的目的是通过集成知识工程、制造软件系统、机器人视觉和机器人控制对专家知识与制造工人的技能进行建模，进而使智能机器在无人干预的情况下完成小批量生产"。

到目前为止，国内外很多国家的相关机构都从自身视角出发给出了智能制造的定义，然而尚没有一个国际公认的定义。目前获得相对广泛认可的是美国国家标准与技术研究院（National Institute of Standards and Technology，NIST）提出的智能制造定义，即"智能制造是一个可以实时响应，以满足工厂、供应链及客户时刻变化的需求和条件的，全集成、协作式的制造系统"。

我国科技部、工业和信息化部、财政部等政府部门曾先后给出智能制造的定义。

2012 年，科技部印发《智能制造科技发展"十二五"专项规划》，将智能制造定义为"面向产品全生命周期，实现泛在感知条件下的信息化制造"。"智能制造技术是在现代传感技术、网络技术、自动化技术、拟人化智能技术等先进技术的基础上，通过智能化的感知、人机交互、决策和执行技术，实现设计过程、制造过程和制造装备智能化，是信息技术和智能技术与装备制造过程技术的深度融合与集成"①。

2015 年，工业和信息化部公布"2015 年智能制造试点示范专项行动"，将智能制造定义为"基于新一代信息技术，贯穿设计、生产、管理、服务等制造活动各个环节，具有信息深度自感知、智慧优化自决策、精准控制自执行等功能的先进制造过程、系统与模式的总称"。智能制造具有"以智能工厂为载体，以关键制造环节智能化为核心，以端到端数据流为基础，以网络互联为支撑等特征，可有效缩短产品研制周期、降低运营成本、提高生产效率、提升产品质量、降低资源能源消耗"②。

2016 年，工业和信息化部与财政部联合发布《智能制造发展规划（2016—2020 年）》，将智能制造定义为"基于新一代信息通信技术与先进制造技术深度融合，贯穿于设计、生产、管理、服务等制造活动的各个环节，具有自感知、自学习、自决策、自执行、自适应等功能的新型生产方式"③。

此外，美国、德国、日本等国家也分别给出了智能制造的定义。

2011 年 6 月，美国智能制造领导联盟（Smart Manufacturing Leadership Coalition，SMLC）发表了《实施 21 世纪智能制造》报告④，将智能制造定义为"先进智能系统的强化应用，以赋能新产品快速制造、产品需求动态响应，以及工业生产和供应链网络的实时优化等。智能制造的核心技术包括网络化传感器、数据互操作性、多尺度动态建模与仿真、智能自动化、可扩展的多层次网络安全等"。智能制造融合了从工厂到供应链的所有制造，并使得对固定资产、过程和资源的虚拟追踪横跨整个产品的生命周期，其结果是在一个柔性的、敏捷的、创新的制造环境中，优化性能和效率，并且使业务与制造过程有效地串联在一起。

---

① http://www.most.gov.cn/tztg/201204/W020120424327129213807.pdf
② http://www.miit.gov.cn/n1146285/n1146352/n3054355/n3057585/n3057597/c3590704/content.html
③ http://www.miit.gov.cn/n1146295/n1652858/n1652930/n3757018/c5406111/part/5406802.doc
④ https://www.controlglobal.com/assets/11WPpdf/110621_SMLC-smart-manufacturing.pdf

2014 年，美国清洁能源智能制造创新研究院（Clean Energy Smart Manufacturing Innovation Institute，CESMII）将智能制造总结为"先进传感、仪器、监测、控制和过程优化的技术和实践的组合，将信息和通信技术与制造环境融合在一起，实现工厂和企业中能量、生产率、成本的实时管理"[①]。从该定义可以看出，传感技术、测试技术、信息技术、数控技术、数据库技术、数据采集与处理技术、互联网技术、人工智能技术、生产管理等与产品生产全生命周期相关的先进技术均是智能制造的技术内涵。智能制造最终以智能工厂的形式呈现出来。

2013 年，德国在汉诺威工业博览会上提出"工业 4.0"战略[9]。"工业 4.0"被认为是"智能制造"概念的一个代名词，是指利用信息物理系统将生产中的供应、制造、销售信息数据化、智慧化，最后达到快速、有效、个人化的产品供应。"工业 4.0"的内涵包含两个方面。一是数字化、智能化、人性化、绿色化；产品的大批量生产已经不能满足客户个性化定制的需求，要想使单件小批量生产能够达到大批量生产同样的效率和成本，需要构建可以生产高精密、高质量、个性化智能产品的智能工厂。二是分散网络化和信息物理空间的深度融合，由集中式控制向分散式增强型控制的基本模式转变。"工业 4.0"的目标是建立一个高度灵活的个性化和数字化的产品与服务的生产模式。

2017 年，日本时任首相安倍晋三在德国电子通信展上提出"互联工业"（connected industry）的概念[10]，旨在通过连接人、设备、技术等实现价值创造的互联工业。除此之外，日本制造业界为了解决不同制造企业之间的"互联制造"问题，提出了"工业价值链"策略，通过建立顶层的框架体系，让不同的企业通过接口，能够在一种"松耦合"的情况下相互连接，以大企业为主，也包括中小企业，从而形成一个日本工厂的生态格局。

由上述定义可以看出，虽然不同国家和机构对智能制造的定义不同，但是这些定义所包含的智能制造的本质和内涵是相同的，即利用大数据、人工智能等先进技术认识，理解和控制制造系统中的不确定性问题，将制造－生产－使用的各个环节的数字化信息同制造相结合，通过信息通信技术和网络空间虚拟系统相结合的手段达到数据的互联互通，从而实现数字化、智能化、人性化、绿色化的制造模式。

---

① https://www.innovation4.cn/library/r38253.html

1.1.3　智能制造与传统制造的异同

与仅依靠人工和基础设备的传统制造相比，智能制造基于信息化系统、机器人、物联网等先进设备和技术，通过大数据技术对生产情况进行深度分析和可视化展示，可以有效提高效率、降低错误操作、减少人工成本，并实现高效信息传递、大数据分析决策、生产线智能控制等。与传统制造相比，智能制造具有以下特征[11]：

首先，智能制造具有自律能力，即可以搜集与理解自身信息和环境信息进行分析判断并规划自身行为，因而具有独立性、自主性和个性，并且可以通过知识库和基于知识的模型实现相互间的协调运作与竞争。智能制造系统是一个人机物一体化的混合智能系统，在运行方式和结构上，具有自组织超柔性的生物特征，系统中的各组成单元能够依据工作任务的需要，自行组成一种最佳结构。人在智能制造系统中占据核心地位，并且可以在智能机器的配合下发挥巨大的潜能，通过人机结合的新一代智能界面使人机之间表现出一种平等共事、相互"理解"、相互协作的关系，使二者在不同的层次上优势互补，相辅相成，通过在实践中不断地充实知识库进行自学习，并在运行过程中进行故障自诊断、故障自排除和自维护，从而不断自我优化以适应各种复杂的环境。

其次，智能制造需要实现生产设备网络化、生产数据可视化、生产文档无纸化、生产过程透明化、生产现场无人化等先进技术应用，做到纵向、横向和端到端的集成，以实现优质、高效、低耗、清洁、灵活的生产，进而建立基于工业大数据和互联网的智能工厂，以实现生产洁净化、废物资源化、能源低碳化这种高效、绿色的制造模式。此外，将生产过程透明化，利用工业机器人、机械手臂等智能设备，实现生产现场的无人化和生产模式的全自动化，从而有效提高精准制造、敏捷制造、透明制造的能力。

最后，智能制造模式旨在实现高度互联和智能化的智能工厂。主要体现在以下 4 个方面：首先，通过 CPS 将人、物、机器与系统进行连接，以物联网作为基础，通过多种途径实现信息采集、人机界面的交互以及各平台的无缝对接和互联互通，从而实现信息互通和人机智能。其次，通过三维设计与仿真优化设计成本与质量，实现数字化制造以及商业模式的数字化。再次，基于大数据技术获取智能制造中的数据信息，并通过大数据分析技术深度挖掘智能制造中数据背后的潜在问题和贡献价值。最后，对物流信息进行实时采集、同步传输、数据共享，实现智能物流体系准时化、可视化，以及资源的有效共享和订单的准时交付。

1.2　智能制造的历史演进

1.2.1　制造业与工业革命

迄今为止，人类历史已发生了四次工业革命，如图 1-2 所示。第一次工业革命把人类带入蒸汽时代，第二次工业革命把人类带入电气时代，第三次工业革命把人类带入信息时代，而第四次工业革命则通过引入信息物理系统（CPS），将制造业推进到智能制造时代。每次工业革命都伴随着社会生产力的重大变革，给制造业的生产方式带来巨大的变化，大幅提升了制造业的技术水平。工业革命促进了社会生产力的迅速发展，推动了工业经济的发展进程，给人类社会带来了巨大的进步。

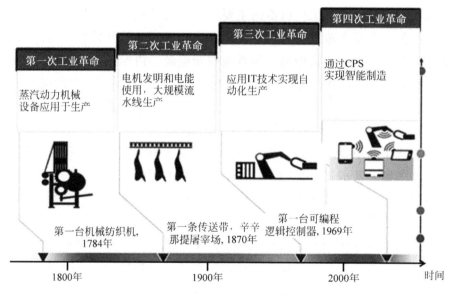

图 1-2　工业革命历程图 [①]

1. 第一次工业革命

第一次工业革命起源于英国，始于 18 世纪 60 年代，结束于 19 世纪 40 年代。一般认为，1765 年英国工人哈格里夫斯发明"珍妮纺织机"标志着第一次工业革命的开始，而 1785 年瓦特改良的蒸汽机投入使用则是第一次工业革命的里程碑事件。蒸汽机带动了工业和制造业的发展，所以第一次工业革命时期又被称为"蒸汽时代"。在这次工业革命中，工业生产中的大机器生产逐渐取

---

① http://articles.e-works.net.cn/erpoverview/Article122171.html

代手工操作，手工工场逐步转为工厂制。1840 年前后，英国率先成为世界上第一个工业国家。19 世纪初，工业革命逐渐从英国向法国、美国、德国等扩展，之后又蔓延到整个世界。

第一次工业革命是技术发展史上的一次巨大的技术革命，开创了以机器代替手工劳动的时代，极大地提高了生产力，使机器制造和蒸汽动力在制造业普及，推动了制造业由手工制造向机器制造的转变与革新，极大地提高了制造业的发展水平。

2. 第二次工业革命

自 19 世纪 70 年代起，随着各种新技术、新发明的不断涌现并被广泛应用于生产，第二次工业革命把人类带入"电气时代"。电力的广泛应用是第二次工业革命的显著特点。第二次工业革命时期，电力作为新能源逐步取代蒸汽进入生产领域，成为工厂机器的主要动力。内燃机的发明是第二次工业革命时期的另一个重大成就，内燃机的应用推动了石油的开采和应用，石油也随之成为第二次工业革命中另一种重要的新能源。内燃机发明后被广泛应用于工业和交通运输行业，人们以内燃机为动力，研制发明了新型的交通工具，如汽车和飞机。此外，第二次工业革命也带动了电信事业的发展，电话和无线电报相继问世，极大地加快了信息传递的速度。

第二次工业革命最显著的特点是具有坚实的科学基础，是科学和技术的结合，大多数发明成果都是科学技术运用于生产而创造出来的。自然科学的新发展同工业生产紧密地结合起来，科学技术成为推动生产发展的重要因素，对经济发展起着重要的变革作用。在第二次工业革命的推动下，电力、化学、石油和汽车等新兴工业开始实行大规模的集中生产，并形成制造业的垄断组织，电力能源逐渐取代蒸汽能源，成为制造业的主要能源，从而使制造企业的规模进一步扩大，劳动生产率进一步提高，并降低了制造企业经营管理的成本。随着电力的广泛应用，制造业自动化逐渐兴起，制造业逐渐由单一制造迈入电气化与自动化的大规模制造时代。

3. 第三次工业革命

第三次工业革命开始于 20 世纪四五十年代，是继蒸汽技术革命和电力技术革命之后出现的人类文明史上又一次重大的工业革命。第三次工业革命以原子能技术、电子计算机技术的应用为代表，还包括人工合成材料、分子生物学和遗传工程等高新技术，是一场涵盖多领域的信息控制技术革命。电子计算机技术的广泛应用是第三次工业革命的核心，自 20 世纪 40 年代后期的第一代计算机诞生以来，发展十分迅速，大概每隔 5 年，计算机的运算速度提高 10 倍，体积缩小为 1/10、成本降低为 1/10。电子计算机技术的发展把人类社会推向了以自动化为主要目标的信息社会，促进了生产自动化、管理现代化、科技手段现代化、情报信息自动化。

在第三次工业革命中，电子信息手段应用于制造业，使制造业中的生产技术不断进步，分工越来越精细，劳动生产率大幅提升，制造业技术得到突破性的发展，制造业模式和方式发生重大变革，制造业迈入电子信息时代。

4．第四次工业革命

由于三次工业革命带来了先进的科技和生产力，人类社会逐渐步入繁荣发展的时代。然而，工业革命是一把双刃剑，在推动人类生产力提高的同时，也不可避免地消耗了巨大的能源和资源，并造成了生态系统和人类生存环境的破坏，从而使得人与自然之间的矛盾不断加剧。进入 21 世纪之后，这些矛盾日益显现，使人类社会陷入全球能源与资源危机、全球生态与环境危机、全球气候变化危机等重重危机之中。这些危机让人类意识到社会发展与环境资源的关系，由此引发了第四次工业革命。

随着互联网的高速发展，越来越多功能强大的、自主的微型计算机实现了与其他微型计算机和互联网的互联，从而使物理世界和虚拟世界（网络空间）逐渐融合，形成信息物理系统。随着 CPS 的产生，第四次工业革命逐渐兴起，其实质和特征是大幅提高资源生产率，保持社会发展和经济增长的同时，也要保护不可再生资源，降低二氧化碳等温室气体排放，其目标是降低碳排放，即绿化"黑色"或"褐色"能源，采用能耗更低、更清洁的方式使用化石能源，降低单位能耗的污染强度，减少化石能源在经济生产和消费中所占的比重，并巩固非化石能源、可再生能源、绿色能源的主导地位。此外，在加快转变经济发展方式的同时，也要保护土地资源、水资源、生态环境资源等生态资本相关要素，合理有效地利用各种资源，提高资源利用效率。

第四次工业革命是以人工智能、机器人技术、虚拟现实、量子信息技术、可控核聚变、清洁能源以及生物技术为突破口的工业革命，其核心是智能制造。智能制造基于物联网、云计算、人工智能、虚拟现实、区块链、5G 网络等技术，实现设计、生产、管理、服务等制造活动的各个环节相互融合，从而形成统一的信息物理系统，其目标是实现由大规模批量生产向大规模个性化定制生产转变（柔性制造）、由集中生产向网络化异地协同生产转变（去中心化），以及信息化和工业化深度融合（物理工厂 + 虚拟工厂）。

由四次工业革命发展历程可以看出，工业革命催生了智能制造，智能制造是工业革命发展的必然产物。随着工业革命的发展，人类社会的生产力水平大幅提升，工业化和信息化逐渐融合，先进的物联网、人工智能等技术为制造业带来了巨大的变革，制造业已步入智能制造时代。

1.2.2　智能制造大事记

制造业是国民经济的基础工业部门，是决定国家发展水平的最基本因素之一。从发展历程来看，制造业经历了手工制作、泰勒化制造、高度自动化、柔性自动化和集成化制造、并行规划设计制造等阶段[12]。20 世纪 60 年代后，受市场经济冲击和信息革命推动的影响，世界范围内的制造业开始了一场重大变革，这场变革使得企业的自身环境复杂多变，竞争越来越激烈，社会对产品的需求也从大批量产品转向多品种、小批量甚至个性化的单件产品上。在这种环境下，企业必须根据市场需求进行转变，以保持企业在市场中的地位。自 20 世纪 80 年代以来，以计算机为基础的信息技术得到迅猛发展，为传统制造业提供了新的发展机遇，计算机技术、网络信息技术、自动化技术与传统制造技术相结合，逐渐形成了先进制造、数字化生产、精益制造等概念。同时，先进的计算机技术与制造技术也为制造业带来了巨大的挑战，使得传统的设计和管理方法难以有效解决现代制造系统中所出现的问题，亟须通过集成传统制造技术、计算机技术、人工智能等技术，形成一种新的智能制造技术。自 1988 年首次提出智能制造概念以来，智能制造至今已有 30 余年的发展历史[8]。图 1-3 按照时间顺序给出了智能制造发展历程中的若干重要事件。

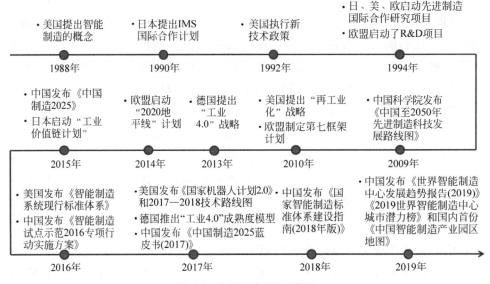

图 1-3　智能制造发展大事记

1. 1988 年

Manufacturing Intelligence 一书中首次提出智能制造的概念，标志着智能制造的兴起。

2. 1990 年

1990 年 4 月，日本提出"智能制造系统"国际合作计划（IMS 计划），计划投资 10 亿美元，对 100 个项目实施前期科研计划。该计划提出之后，得到许多发达国家的积极响应，美国、欧洲共同体、加拿大、澳大利亚、韩国、瑞士等均加入该项计划，使得该计划的投资达到了 40 亿美元，成为当时制造领域最大的一项国际合作计划。

3. 1992 年

1992 年，美国执行新技术政策，大力支持关键重大技术，包括信息技术和新的制造工艺，希望借智能制造技术改造传统工业并启动新产业。此外，日、美、欧三方共同提出研发能使人和智能设备不受生产操作和国界限制的合作系统。

4. 1994 年

1994 年，日、美、欧三方共同启动了先进制造国际合作研究项目，包括公司集成和全球制造、制造知识体系、分布智能系统控制、快速产品实现的分布智能系统技术等。加拿大制定的 1994—1998 年发展战略计划认为未来知识密集型产业是驱动全球经济和加拿大经济发展的基础，发展和应用智能系统至关重要，并将具体研究项目选择为智能计算机、人机界面、机械传感器、机器人控制、新装置、动态环境下系统集成。此外，欧盟启动了 R&D 项目，选择 39 项核心技术，其中信息技术、分子生物学和先进制造技术均突出了智能制造的地位。

5. 2009 年

2009 年，中国科学院出版《创新 2050：科学技术与中国的未来》系列丛书，其中由先进制造领域战略研究组撰写的《中国至 2050 年先进制造科技发展路线图》，以基于泛在信息的智能制造和环境友好的绿色制造为核心，对相关技术在未来不同时间段的发展进行了论述。这是国内关于智能制造最早的专著和战略规划之一。由信息领域战略研究组撰写的《中国至 2050 年信息科技发展路线图》则论述了支撑智能制造的前沿信息技术，包括社会计算、平行系统、人机物三元融合系统等。

6．2010 年

2010 年，美国总统奥巴马提出"再工业化"战略，通过回归实体经济，发展高端制造业来实现美国经济的可持续均衡发展。欧盟将发展先进制造业作为重要的战略，并制定了第七框架计划（Framework Program 7，FP7）的制造云项目，该项目是当今世界上最大的官方科技计划之一，以研究国际科技前沿主题和竞争性科技难点为重点，是欧盟投资最多、内容最丰富的全球性科研与技术开发计划。第七框架计划全称为"第七个研究与技术开发框架计划"，是欧盟资助欧洲研究的主要途径，该框架计划为期七年（2007—2013 年），总预算 500 多亿欧元，是 FP6 经费投入的三倍，包括合作计划（cooperation）、原始创新计划（ideas）、人力资源计划（people）、研究能力建设（capacities）4 部分。

7．2013 年

2013 年，在德国汉诺威工业博览会上，德国相关协会提出"工业 4.0"的概念，并正式实施以智能制造为主体的"工业 4.0"战略，该战略被德国政府列入《德国高技术战略 2020》十大未来项目之一。该战略的核心目的是提高德国工业的竞争力，使德国可以在新一轮工业革命中占领先机。该项目由德国联邦教育局及研究部和联邦经济技术部联合资助，投资预计达 2 亿欧元，旨在利用网络实体系统及物联网等技术，提升制造业的智能化水平，建立具有适应性、资源效率及基因工程学的智慧工厂，在商业流程及价值流程中整合客户及商业伙伴。

8．2014 年

2014 年 1 月，欧盟在英国正式启动"2020 地平线"计划，该计划将持续到 2020 年，囊括了包括框架计划在内的所有欧盟层次重大科研项目，分基础研究、应用技术和应对人类面临的共同挑战三大部分，其目标是通过"创新型欧盟"将智能型先进制造系统作为创新研发的优先项目，并整合欧盟各国的科研资源，提高科研效率，促进科技创新，推动经济和其他领域的增长，并增加就业，从而战胜欧洲债务危机。该规划还将向"战略创新议程"项目投资 28 亿欧元，为中小企业创新投资 25 亿欧元。

9．2015 年

2015 年 5 月，中国正式对外发布《中国制造 2025》，该文件成为中国制造的统领性文件，是中国实施制造强国战略第一个十年的行动纲领。该文件提出，坚持"创新驱动、质量为先、绿色发展、结构优化、人才为本"的基本方针，坚持"市场主导、政府引导；立足当前、着眼长远；整体推进、重点突破；自主发展、开放合作"的基本原则，通过"三步走"实现制造强国的战略目标：第一步，到 2025 年迈入制造强国行列；第二步，到 2035 年中国制造业整体达到世界制造强国阵营中等水平；第三步，到中华人民共和国成立一百年时，综合实力进入世界制造强国前列。同时，该文件也围绕实现制造强国的战略目标，明确了 9 项战略任务和重点，并提出了 8 个方面的战略支撑和保障。6 月，日本启动了"工业价值链计划"（Industrial Value-chain Initiative，IVI），通过建立顶层的框架体系，让不同的企业通过接口，能够在一种"松耦合"的情况下相互连接，以大企业为主，也包括中小企业，从而形成一个日本"互联工厂"的生态格局，该格局有利于解决不同制造业企业之间的"互联制造"问题，超过 180 家机构参与该计划。

10．2016 年

2016 年 2 月，美国国家标准与技术研究院（NIST）工程实验室系统集成部门，发表了一篇名为《智能制造系统现行标准体系》的报告，总结了未来美国智能制造系统将依赖的标准体系，这些集成的标准横跨产品、生产系统和商业（业务）这三项主要制造生命周期维度。4 月 11 日，我国工业和信息化部下发了《智能制造试点示范 2016 专项行动实施方案》，指出在有条件、有基础的重点地区、行业，分类开展离散型智能制造、流程型智能制造、网络协同制造、大规模个性化定制、远程运维服务 5 种新模式试点示范。

11．2017 年

2017 年 1 月，美国国家科学基金会联合美国国防部、国防部高级研究计划局、空军科学研究办公室、能源部等政府机构发布了《国家机器人计划 2.0》，将在先期计划的基础上重点发展协作式机器人。2 月，德国工业智库联合德国业界专家共同推出"工业 4.0"成熟度模型，旨在帮助企业客观评估、认识当前的处境，指导企业如何进一步提高"工业 4.0"成熟度，让企业更清晰地认识到距离获取可见的业务价值还有多远，从而有条理、有层次地实现"工业 4.0"的业务目标。6 月，由国家制造强国建设战略咨询委员会编著的《中国制造 2025 蓝皮书（2017）》正式在北京发布，该书总结了《中国制造 2025》实施两年来各项重点任务落实情况，评估相关政策实施效果，分析制造强国建设过程中存在的困难和问题，并跟踪国内外制造业发展环境变化，提出政策建议。10 月，美国能源部牵头的清洁能源智能制造创新机构（CESMII）发布了 2017—2018 技术路线图，总结了 CESMII 创新机构的任务及目标，明确了这份路线图的目的、指导原则，并围绕 CESMII 战略的四个方面（商业实践、使能技术、智能制造平台建设和劳动力培养），对其战略目标、研发投资组合和近期行动计划进行了全面的规划，力图从根本上加快开发和采用先进传感器、控制装置、平台和模型，使智能制造成为推动美国制造业不断改进并且可持续发展的引擎。

12．2018 年

2018 年 10 月，中国工业和信息化部、国家标准化管理委员会共同组织制定的《国家智能制造标准体系建设指南（2018 年版）》正式发布。根据该规划，我国在 2018 年将累计制 / 修订 150 项以上智能制造国家标准和行业标准，基本覆盖基础共性标准和关键技术标准，到 2019 年，将累计制 / 修订 300 项以上智能制造国家标准和行业标准，全面覆盖基础共性标准和关键技术标准，逐步建立较为完善的智能制造标准体系。

13．2019 年

2019 年 5 月，由独立第三方城市大数据分析机构标准排名城市研究院，联合经观城市与政府事务研究院共同制作完成的《世界智能制造中心发展趋势报告（2019）》在北京发布。该报告基于对全球 50 个重要智能制造中心城市的详实统计和大数据分析，全景展现了世界智能制造产业的发展态势，以及世界智能制造中心城市的巨大潜能。此外，与该报告一同发布的还有《2019 世界智能制造中心城市潜力榜》和国内首份《中国智能制造产业园区地图》。在《2019 世界智能制造中心城市潜力榜》中，美国纽约、中国上海、美国旧金山、英国伦敦、中国深圳、美国洛杉矶、日本东京、中国苏州、美国芝加哥、中国天津位列排行榜的前十名。《中国智能制造产业园区地图》通过勾勒 537 家智能制造产业园的分布，展现了中国城市在智能制造产业中的发展潜力和态势。

1.3　智能制造的发展现状

制造业是一个国家经济的重要支撑，对国家经济的发展起着至关重要的推动作用。一个国家的制造业水平直接反映了国家经济和技术的发展水平，制造业水平也是区别发达国家和发展中国家的重要因素。在经历了 2008 年的世界金融危机后，世界各国重新认识到了制造业对国家经济发展的重要性。以智能制造为核心，各国相继提出了相关战略来推动本国制造业的发展，例如德国的"工业 4.0"、美国的"再工业化"以及中国的《中国制造 2025》等。本节将概述世界各国和我国主要城市的智能制造发展战略与现状。

1.3.1　德国"工业 4.0"战略

德国制造业是世界上最具竞争力的制造业之一，专注于创新工业科技产品的科研和开发，注重加大信息技术在制造工业中的应用力度，这使得德国在制造业中一直保持着世界领先的地位。在 2011 年的汉诺威工业博览会上，德国首次推出了"工业 4.0"这个概念，基于工业发展阶段的划分，"工业 4.0"被德国学术界和产业界认为是以"智能制造"为主导的第四次工业革命，提出这个概念的主要目的是为了提高德国工业的竞争力。德国政府把"工业 4.0"列入了《德国 2020 高技术战略》中的十大未来项目之一，投资达 2 亿欧元，由德国联邦教育局及研究部和联邦经济技术部联手资助，在德国工程院、弗劳恩霍夫协会、西门子公司等德国学术界和产业界的建议和推动下形成。在 2013 年 4 月的汉诺威工业博览会上，德国政府将"工业 4.0"作为国家产业战略，战略推出之后，得到了德国科研机构和产业界的广泛认同。该战略的核心是通过利用信息通信技术、网络空间虚拟系统、信息物理系统相结合的手段，实现智能制造由自动化向智能化的转型。"工业 4.0"战略的实施，使德国成为新一代工业生产技术（特别是信息物理系统）的供应国和主导市场，进一步提升了德国在全球制造业的竞争力。

"工业 4.0"战略主要分为三大主题，即"智能工厂""智能生产""智能物流"[①]。智能工厂重点研究智能化生产系统及过程，以及网络化分布式制造设施的实现；智能生产主要涉及整个企业的生产物流管理、人机互动以及 3D 技术在工业生产过程中的应用等，该计划将特别注重吸引中小企业参与，力图使中小企业成为新一代智能化生产技术的使用者和受益者，同时也成为先进工业生产技术的创造者和供应者；智能物流主要通过互联网、物联网、物流网，整合物流资源，充分发挥现有物流资源供应方的效率，使得需求方能够快速获得服务匹配和物流支持。

"工业 4.0"的本质是基于信息物理系统实现智能工厂。在生产设备层面，通过嵌入不同的物联网传感器进行实时感知，通过宽带网络、通过数据对整个过程进行精确控制；在生产管理层面，通过互联网技术、云计算、大数据、宽带网络、工业软件、管理软件等一系列技术构成服务互联网，实现物理设备的信息感知、网络通信、精确控制和远程协作[②]。"工业 4.0"涉及的技术主要有五大方面，即通过自动化设备、智能机器人和虚拟现实技术等实现智能

[①]　https://baike.baidu.com/item/%E5%B7%A5%E4%B8%9A4.0/2120694?fr=aladdin

[②]　https://www.31fabu.com/industry/202001193081.html

工厂，通过物联网、传感器和嵌入式系统实现软硬件的信息物理融合，基于云计算的大数据采集与挖掘，基于健壮性网络的移动通信与移动设备，以及网络安全与工控系统信息安全（如图 1-4 所示[①]）。

图 1-4　"工业 4.0"涉及的技术

1.3.2　美国"再工业化"战略

20 世纪 70 年代，作为世界制造业大国的美国，由于资源枯竭和生产成本上升等原因导致一些传统制造业走向了衰退，陷入了"去工业化"的困境，这种困境直接造成美国制造业发展停滞、失业人数比率提高及制造业生产总值在国民经济生产总值的比重持续走低。为了摆脱这种困境，美国开始重新反思"去工业化"的发展模式。

"再工业化"最早是 20 世纪 70 年代前后，针对德国鲁尔地区、法国洛林地区、美国东北部地区和日本九州地区等重工业基地改造问题提出的一个概念，目的是解决工业在各产业中的地位降低、工业品在国际市场上竞争力下降和产

[①]　德国信息产业、电信和新媒体协会（BITKOM）与弗劳恩霍夫应用研究促进学会（Fraunhofer）的研究报告，URL: http://www.plattform-i40.de/sites/default/files/150410_Umsetzungsstrategie_0.pdf

业结构空洞化等问题。随着 2008 年金融危机的爆发，面对金融危机带来的低增长、高债务、高失业等多重困境，美国认识到了实体经济的重要作用，认为只有重视实体经济，尤其是重视制造业的发展，让美国经济转向可持续的增长模式，才能使得国家重获世界创新领导地位和占领高端制造业的制高点。2010 年，美国总统奥巴马签署《制造业促进法案》，标志着美国"再工业化"经济战略的提出。美国再工业化战略主要发展高附加值的制造业，如先进制造技术、新能源、环保、信息等新兴产业，目的在于重建具有强大竞争力的新工业体系。

"再工业化"战略提出的目标主要为两方面：一方面是防止制造业萎缩失去世界创新领导者的地位，另一方面是要通过产业升级化解高成本压力，寻找像"智慧地球"一样能够支撑未来经济增长的高端产业，而不仅仅是恢复传统的制造业。

根据迈克尔·波特的国家竞争优势理论（波特菱形理论），美国必然要在企业和产业层面来构建"再工业化"创新驱动体系联动模式，如图 1-5 所示 [13]。企业层面的条件包括美国高端制造企业的战略、结构、竞争；产业层面的条件包括美国高端制造产业的相关产业、支持产业；支撑企业层面和产业层面的中间介质要素包括创新机会、生产要素、市场需求、政府部门，其中生产要素和市场需求为主观要素，创新机会和政府部门则为客观要素。该模式是一个多方联动的"动力系统"，体系模式中的每个条件要素都会强化甚至改变其他条件要素的作用表现，拥有体系模式中的每一项条件要素优势不代表拥有国际竞争的比较优势，而是需要模式中的每一环节充分发挥联动作用，才能激励美国把握"再工业化"浪潮中高端制造业的核心创新基础，并驱使美

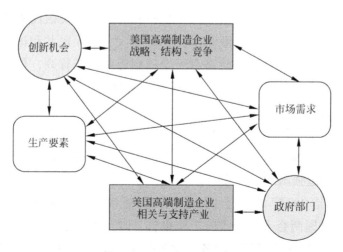

图 1-5　美国"再工业化"创新驱动体系联动模式

国产业升级建立在核心创新基础上，从而在未来国际贸易市场竞争中占有比较优势，形成经济增长的内生动力。

奥巴马政府曾积极发展高附加值的制造业，例如：虽然美国财政捉襟见肘，但政府研发预算并未减少，2011 年美国研发投入甚至占全球份额的 33% 左右。2012 年财政年度美国再次增加了国家科学基金、国家标准和技术研究院实验室等重要科学部门预算，开发先进制造技术，并启动先进制造技术公会项目。该项目旨在采用公私合作伙伴方式来增加制造业研发投资，缩短从创新到投放市场的周期，以尽快抢占新一轮全球经济增长过程中的高端产业和价值链中的高端环节。目前，美国已经正式启动高端制造计划，积极在纳米技术、高端电池、能源材料、生物制造、新一代微电子研发、高端机器人等领域加强攻关，这将推动美国高端人才、高端要素和高端创新集群发展，并保持在高端制造领域的研发领先、技术领先和制造领先。

再工业化承诺也是特朗普政府胜选的关键。针对制造业发展，美国有意将最高联邦企业所得税率从目前的 35% 降至 15%，同时提议对美国企业海外利润一次性征收 10% 的税收，以此实现其将流向海外的制造业重新带回美国的目的，并以能够创造大量就业的制造业为抓手，实现美国经济的复兴。

1.3.3 "中国制造 2025"战略

随着新一轮科技革命和产业变革的到来，全球制造业发展趋势呈现出新的发展特征，发展格局发生了巨大改变，主要体现在信息技术与制造业的深度融合，是以制造业数字化、网络化、智能化为核心，建立在物联网和务（服务）联网基础上，同时叠加新能源、新材料等方面的突破而引发的新一轮变革，将给世界范围内的制造业带来深刻影响。中华人民共和国成立以来，中国制造业持续快速发展，虽然跻身于全球制造业大国行列，但是与世界先进水平相比，中国制造业存在明显的大而不强的问题，主要体现为以下几个方面：自主创新能力相对薄弱、资源利用效率低下、产业结构不合理、信息化程度偏低等。传统的制造业模式难以适应国际产业大变革趋势，加快推动转型升级和跨越发展，成为我国制造业发展面临的迫切任务。在此背景下，中国政府也提出了制造强国的相关战略。

"中国制造 2025"概念于 2014 年 12 月首次提出。继 2015 年 3 月 5 日李克强总理在全国两会上作《政府工作报告》时正式提出"中国制造 2025"的宏大计划和 3 月 25 日召开的国务院常务会议审议通过《中国制造 2025》之后，国务院于 2015 年 5 月正式印发《中国制造 2025》。"中国制造 2025"是中国政府在新的国际国内环境下立足于国际产业变革大势，做出的全面提升中国制造业发展质量和水平的重大战略部署，其根本目标在于改变中国制造业"大而不强"的局面，致力于通过 10 年的努力，使中国迈入制造强国行列，为到 2045 年将中国建成具有全球引领和影响力的制造强国奠定坚实基础。《中国制造业发展纲要（2015—2025）》中详细列出了我国由"制造大国"向"制造强国"转型发展的战略规划内容，内容大致可用"一、二、三、四、五五、十"的总体结构来概括，具体内容主要包括以下几个方面①：

- "一个目标"：从制造业大国向制造业强国转变，最终实现制造业强国的目标。
- "两化融合"：通过两化融合发展来实现"一个目标"。党的十八大提出用信息化和工业化两化深度融合来引领和带动整个制造业的发展，这也是我国制造业所要占据的一个制高点。
- "三步走战略"：如图 1-6 所示。每一步大致需要十年左右的时间来实现我国从制造业大国向制造业强国转变的目标。第一步：到 2025 年迈入制造强国行列；第二步：到 2035 年中国制造业整体达到世界制造强国阵营中等水平；第三步：到中华人民共和国成立一百年时，综合实力进入世界制造强国前列。《中国制造 2025》是中国政府实施制造强国战略的第一个十年行动纲领。到 2025 年，力争迈入制造强国行列，提升全球产业分工和价值链中的地位。

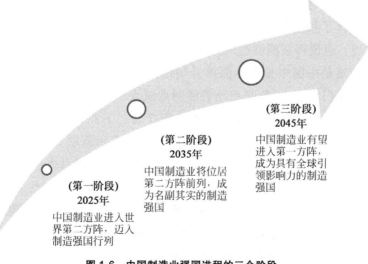

图 1-6　中国制造业强国进程的三个阶段

---

① http://www.gov.cn/zhengce/content/2015-05/19/content_9784.htm

- "四项原则"：第一项原则是市场主导、政府引导；第二项原则是既立足当前，又着眼长远；第三项原则是全面推进、重点突破；第四项原则是自主发展和合作共赢。

- "五条方针、五大工程"："五条方针"即创新驱动、质量为先、绿色发展、结构优化和人才为本；"五大工程"则包括制造业创新中心建设工程、强化基础工程、智能制造工程、绿色制造工程和高端装备创新工程。

- "十个领域"：包括新一代信息技术产业、高档数控机床和机器人、航空航天装备、海洋工程装备及高技术船舶、先进轨道交通装备、节能与新能源汽车、电力装备、农机装备、新材料、生物医药及高性能医疗器械等十个重点领域。

与德国和美国的智能制造战略相比，《中国制造 2025》具有更为强劲的动力。《中国制造 2025》不仅仅强调创新，而且要抓住"制造业生态"；不仅仅是先进制造，也包括了传统制造的升级和现代制造服务。"互联网＋先进制造业＋现代服务业"将成为中国经济发展的新引擎，制造业数字化、网络化、智能化是新一轮工业革命的核心技术，应该作为"中国制造 2025"的制高点、突破口和主攻方向 [14]。

1.3.4 中国主要城市智能制造发展战略

自 2015 年中国推出"中国制造 2025"战略以来，全国多个省市响应国家智能制造政策号召，陆续发布了智能制造相关政策和保障措施，对提高制造业水平发挥了积极作用。这不但有助于确保我国制造业转型升级的目标能够顺利实现，也使得智能制造成为全新的产业机遇和经济发展动能。

智能制造是中国中长期全面提升制造业竞争实力的核心引擎，国家发展和改革委等部门自 2015 年起启动智能制造试点示范项目，旨在鼓励智能制造单元、智能产业及智能工厂建设。2018 年 7 月，工业和信息化部根据《工业和信息化部办公厅关于开展 2018 年智能制造试点示范项目推荐的通知》，公布了 2018 年智能制造试点示范项目名单，共有 99 个项目入围。从项目数量来看，2015—2018 年智能制造试点示范项目数量分别为 46 个、63 个、97 个和 99 个，合计示范项目数量达到 305 个，涉及企业 233 个，远超 2015 年工业和信息化部提出的到 2018 年培育 100 个智能制造试点示范企业的规划 ①。

目前我国的智能制造产业分布已经形成"一带"、"三核"、"两支撑"的格局，

---

① http://www.chinamae.com/mchina/shownews.asp?newsID=197067&sortid=15

各省市均在大力支持智能制造产业的发展。从地区分布来看，截至 2018 年智能制造试点示范项目分布已经逐步拓展到全国 31 个省、自治区、直辖市。其中，山东、浙江、广东、江苏、安徽试点示范项目建设成绩突出；海南、吉林、青海、西藏实现了项目数量零的突破；同时，项目分布主要集中在长三角和珠三角地区；除山东外的环渤海湾地区，试点示范项目数量增长速度不及长三角及珠三角地区。

随着利好政策的不断出台，中国制造业将持续稳定增长，智能制造在制造业中的地位将会越来越重要，对地区经济的贡献也越来越明显。下面以北京、上海、广东、江苏、山东等主要省（市）为代表，介绍中国典型省（市）的智能制造政策。

1. 北京

为深入贯彻"中国制造 2025"战略，北京市经济和信息化委员会于 2017 年 6 月正式发布了《"智造 100"工程实施方案》，提出以企业为主体、市场为导向、应用为核心，对符合首都城市战略定位、适合在京发展的传统优势产业实施数字化、网络化和智能化改造，加快推进高精尖产业发展和京津冀产业协同发展。主要措施为：到 2020 年，加快推动数字化制造、电子信息、汽车交通、高端装备、生物医药等重点领域的智能化转型，实施 100 个左右数字化车间、智能化工厂、京津冀联网智能制造等应用示范项目，打造 60 个左右智能制造标杆企业。另外，"智造 100"工程还提出了一系列具体目标：应用示范企业关键工序装备数控化率达到 75%，人均劳动生产率、资源能源利用效率大幅提升，运营成本、产品研制周期、产品不良品率显著降低；形成 50 项示范效应显著的智能制造系统解决方案，培育 10 家左右年收入超过 10 亿元的智能制造系统解决方案供应商；在智能制造核心装备、关键部件、支撑软件等领域，培育 5 家以上单项冠军企业；打造 3 个以上智造云平台，完善工业互联网基础设施，支撑中小企业智能化水平提升 ①。

2. 上海

为加快上海市的智能制造发展，上海市经济和信息化委员会于 2017 年 2 月印发《关于上海创新智能制造应用模式和机制的实施意见》（以下简称《意见》）。《意见》中提出"加大政策力度、加强应用示范推广、深化对外合作交流、加强应用人才支撑"等支持政策，重点支持智能制造应用新模式的培育

---

① http://www.gov.cn/xinwen/2017-06/02/content_5199142.htm

和智能制造应用新机制的建立。《意见》中指出智能制造是"上海制造"向"上海智造"转变的主攻方向，还提出了实施智能制造应用的"十百千"工程，即到 2020 年重点培育 10 家引领性智能制造系统解决方案供应商、建设 100 家示范性智能工厂、带动 1000 家企业实施智能化转型[①]。

2019 年 6 月，《上海市智能制造行动计划（2019—2021 年）》发布[②]。该计划将重点推动 5G、人工智能、工业互联网三大新兴技术和制造业深度融合，持续推动汽车行业、电子信息行业、民用航空产业、生物医药行业、高端装备行业、绿色化工及新材料等六大行业智能化转型和新模式应用，尤其是全力打造汽车、电子信息两个世界级智能制造产业集群。到 2021 年，上海市将努力打造成为全国智能制造应用新高地、核心技术策源地和系统解决方案输出地，推动长三角智能制造协同发展。具体目标：创新能力进一步增强，发展基础进一步夯实，应用能级进一步提升，长三角协同进一步深化。计划到 2021 年，智能制造装备产业规模超过 1300 亿元，其中机器人及系统集成产业规模突破 600 亿元；重点培育 10 家智能制造科创板上市企业，牵头制定 50 项智能制造标准；实施上海智能制造"十百千"工程，推进长三角智能制造"百千万"工程。在政策落实方面，上海市将加强全面统筹，加大制造业高质量发展专项，以及工业互联网、技术改造、工业强基、装备首台（套）、软件首版次等专项政策扶持；培养和引进高端智能制造人才，加强产教融合，推动智库建设，打造上海品牌。

3. 广东

广东省以智能制造为主攻方向，于 2015 年 7 月印发并实施《广东省智能制造发展规划（2015—2025 年）》及相关政策措施，深入推进两化融合，推动智能制造发展。该规划明确了总体目标：到 2025 年，全省制造业综合实力、可持续发展能力显著增强，在全球产业链、价值链中的地位明显提升，建成全国智能制造发展示范引领区和具有国际竞争力的智能制造产业集聚区；该规划还强调了构建智能制造自主创新体系、发展智能装备与系统、实施"互联网＋制造业"行动计划、推进制造业智能化改造、提升工业产品智能化水平、完善智能制造服务支撑体系共 6 项主要任务，提出了加强统筹协调、深化体制机制改革、加强金融政策支持、加强财税政策支持、推动智能制造集聚发

---

① http://www.askci.com/news/chanye/20170306/16260092635.shtml

② http://www.sheitc.sh.gov.cn/res_base/sheitc_gov_cn_www/upload/article/file/2019_3/7_15/34kqjy463dha.doc

展、完善人才引进培养政策、积极参与国际合作共 7 个方面的保障措施 ①。此外，广东还配套出台了《广东省人民政府关于贯彻落实中国制造 2025 的实施意见》《广东省机器人产业发展专项行动计划（2015—2017 年）》，并印发了《广东省"互联网 + 先进制造"专项实施方案（2016—2020 年）》。

广东省重点培育建设了一批智能制造集聚区，以省市共建方式先后认定广州、深圳、珠海、佛山、东莞、中山、肇庆、江门、揭阳、顺德共 10 个市区规划建设的智能制造集聚发展区为广东省智能制造示范基地；实施了智能制造骨干企业培育计划，认定两批省智能制造骨干（培育）企业。通过骨干企业引领，带动中小企业协作配套，壮大示范基地智能制造产业发展潜力，带动基地智能制造产业发展；抓住产业集群优势，逐步形成了以工业机器人、新型传感器、智能控制系统、自动化成套生产线为代表的智能装备产业链条，初步建立具有一定规模和技术水平的产业体系。

4. 江苏

江苏省明确将智能制造作为建设具有国际竞争力的先进制造业基地的重要抓手，智能制造产业发展步入了快车道，呈现出了一定的产业优势。2017 年 5 月，江苏省发布了《江苏省国民经济和社会发展第十三个五年规划纲要》和《中国制造 2025 江苏行动纲要》，指出到 2020 年，全省智能制造水平明显提高，智能装备应用率、全员劳动生产率、资源能源利用效率显著提高，企业安全生产、节能减排水平大幅提升，形成较完整的智能制造装备产业体系，部分关键技术与部件取得创新突破，工业软件支撑能力明显增强，智能制造新模式不断完善，成为具有国际影响力、国内领先的智能制造先行区。该纲要包括 6 项重点任务：着力发展高端智能制造装备，培育智能制造生态体系，建设智能制造支撑服务体系，强化智能制造基础设施建设，推进智能制造试点示范，支持重点行业智能转型 ②。

2019 年，为加快推动互联网、大数据、人工智能和实体经济深度融合，推进工业经济高质量发展，江苏省印发《关于进一步加快智能制造发展的意见》③（以下简称《意见》）。目标是到 2020 年，全省建成 1000 家智能车间，创建 50 家左右省级智能制造示范工厂，试点创建 10 家左右省级智能制造示范区。

---

①　http://zwgk.gd.gov.cn/006939748/201507/t20150729_595930.html

②　http://www.jiangsu.gov.cn/art/2017/6/14/art_46486_2557456.html

③　http://gxt.jiangsu.gov.cn/module/download/downfile.jsp?classid=0&filename=fa5fac962c72406a93eea4330c71aef3.pdf

根据《意见》要求，要加强领军服务机构建设，进一步提升智能制造专业服务水平，培育壮大系统解决方案供应商。到 2020 年，江苏省培育形成 100 家左右国内有影响力的本土化、品牌化智能制造领军服务机构。

5. 山东

2017 年，山东省经济和信息化委和山东省财政厅联合制定了《山东省智能制造发展规划（2017—2022 年）》，采取专项支持、试点示范、强化基础等措施，推进智能制造发展。根据该规划[①]，到 2022 年，山东省传统制造业重点领域将基本实现数字化制造，条件、基础好的重点产业和重点企业基本实现智能化转型。山东省传统产业企业数字化研发设计工具普及率要达到 72% 以上，规模以上工业企业关键工序数控化率达到 57% 以上，万人机器人数量将达到 200 台以上，山东省制造业数字化、智能化水平在国内位居前列；智能制造试点示范项目实施前后企业运营成本降低 20%，产品研制周期缩短 20%，生产效率提高 20%，能源利用率提高 13%，产品不良品率要大幅降低。

2019 年，山东省继续推进智能制造转型升级，深入实施智能制造“1+N”提升行动（这里“1”是指智能制造标杆企业，“N”是指由“1”带动辅导实施智能化改造的企业），致力于加快智能工厂、智能车间建设，大力发展智能制造装备和产品，推进智能化、数字化技术及装备深度应用，预期年内培育 50 家左右智能制造示范企业[②]。此外，山东省还大力推进“个十百”工业互联网平台培育工程建设，旨在构建完整的工业互联网平台体系，提升信息化与工业化融合发展水平；同时开展“互联网＋先进制造业”试点示范，筛选一批企业开展点对点扶持，发展个性化定制、模拟制造、众包设计等，形成一批可复制、可推广、具有良好示范带动作用的优秀解决方案和应用典型案例。

1.3.5 其他国家发展战略

英国于 2013 年推出《英国工业 2050 战略》，提出了未来英国制造业的四个特点[③]：快速、敏锐地响应消费者需求，把握新的市场机遇，可持续发展的制造业，以及未来制造业将更多依赖技术工人、加大力度培养高素质的劳动力。这一报告的出台将英国制造业发展提到了战略的高度，重点资助了新能源、嵌入电子、智能系统、生物技术以及化学材料等 14 个创新领域。2014 年，英

---

① http://gxt.shandong.gov.cn/art/2017/9/7/art_15182_1053597.html

② http://www.shandong.gov.cn/art/2018/7/13/art_2259_28158.html

③ http://www.mofcom.gov.cn/article/i/ck/201606/20160601330906.shtml

国发布《高价值制造战略》，其目标是应用智能化技术和专业知识，以创造力带来持续增长和高经济价值潜力的产品、生产过程和相关服务，达到重振英国制造业的目标。

日本于 2015 年公布了《机器人新战略》，提出三大核心目标，即世界机器人创新基地、世界第一的机器人应用国家、迈向世界领先的机器人新时代[①]。该战略认为，在世界快速进入物联网时代的今天，日本要继续保持自身"机器人大国"（以产业机器人为主）的优势地位，就必须策划实施机器人革命新战略，将机器人与 IT 技术、大数据、网络、人工智能等深度融合，在日本积极建立世界机器人技术创新高地，营造世界一流的机器人应用社会，继续引领物联网时代机器人的发展[15]。

韩国于 2009 年发布并启动实施《新增长动力规划及发展战略》[16]，主要目标是确定三大领域（绿色技术产业领域、高科技融合产业领域和高附加值服务产业领域）的 17 个产业为发展重点，着力推进数字化工业设计和制造业数字化协作建设，加强对智能制造基础开发的政策支持。2013 年，韩国组建"未来创造科学部"以推进创造经济发展，并成立了"未来增长动力规划委员会"，重点扶持中小企业以及高新技术风险投资，提高零部件及材料国产化实力，并将尽力提供相应的技术指导，协助企业建立开放型的全球合作伙伴关系。

印度于 2014 年发布"印度制造"运动[17]，计划在未来 10 年将制造业占GDP 的比例从 17% 提高到 25%。该运动的目标是：以基础设施建设、制造业和智慧城市为经济改革战略的三根支柱，通过智能制造技术的广泛应用将印度打造成新的"全球制造中心"。"印度制造"是系统工程，后续推出的"初创计划""技能印度""数字印度""智慧城市"等规划，实际可看作是"印度制造"的配套措施。"印度制造"有五大任务和四大支柱。五大任务包括吸引投资、推动创新、强化技能、保护知识产权、建设高级别制造业基础设施；四大支柱又称"四新"，即新流程、新基建、新部门、新观念。为推进"印度制造"，印度政府也陆续出台系列改革措施和刺激政策，并在国内外加大推广力度。

1.4　智能制造的特征、模型与技术

从世界各国对智能制造的定义和智能制造要实现的目标来看，传感技术、测试技术、信息技术、数控技术、数据库技术、数据采集与处理技术、互联

---

① http://www.most.gov.cn/gnwkjdt/201505/t20150514_119467.htm

网技术、人工智能技术、生产管理等与产品生产全生命周期相关的先进技术均属于智能制造的内涵。从本质上来说，智能制造是实现整个制造业价值链的智能化创新，是信息化与工业化深度融合的进一步提升，其趋势是由目前的"自动化制造"实现真正的"智能制造"，使得行业系统能够实现自主学习、自主决策和升级优化。

1.4.1 智能制造的特征

智能制造系统是由智能机器和人类专家共同组成的人机一体化混合智能系统，在制造过程中进行分析、推理、判断、构思和决策等智能活动，替代或延伸人类专家在制造过程中的部分脑力劳动；制造过程同时收集、存储、完善、共享、继承和发展人类专家的智能。智能制造通常具有动态感知、实时分析、自主决策、高度集成和精准执行等特征[18]。

1．动态感知

智能制造的前提条件是先发展和建立物与物、物与人以及人与人之间的联系，获得对制造要素的全面感知。智能制造整个生命周期的各个制造环节都离不开数据的支持，并且会产生大量制造数据。在制造过程中，利用各类感知技术，通过配置各类通信物理设备（如传感器、无线网络等），把各种物理制造资源互联、互感，对制造过程产生的制造数据进行自动采集、自动识别，并将数据信息传输到分析决策系统，确保在制造过程中，生产信息能够达到实时传递的效果。

2．实时分析

数据分析对于智能制造起着关键性的作用，在制造过程中，基于感知技术会获得各种大量的制造数据；为了能将车间现场的多源、异构、分散的制造大数据转化为可用的可视化制造知识，就需要对产生的制造数据进行实时分析，将分析结果用于精准执行和智能决策。实时分析是智能制造系统的一个重要组成部分，对制造过程的自主决策与精准控制起着关键作用。

3．自主决策

智能制造系统是人机一体化系统，智能决策和智能执行是实现智能制造的两个非常重要的方面。区别于传统的制造系统，在智能制造系统中，针对制造过程中的各类决策问题，智能制造具备了感知、分析和决策功能，不仅能够利用现有的知识库指导制造行为，同时具有自主学习功能，能够在制造过程中不断地充实制造知识库，更重要的是还有搜集与理解制造环境信息和制造系统本身的信息，并自行分析判断和规划自身行为的能力，形成优化制造过程的决策指令。

4．高度集成

制造企业中的各个部分是一个互相紧密相关的整体，智能制造集成不仅包括硬件资源和软件信息系统在制造过程中的集成，还包括产品生命周期中的所有制造环节的集成，如产品研发、设计、生产、制造、运营、管理和服务，以及所有的制造行为活动。智能制造系统中，智能制造将所有分离的制造资源、功能和信息等集成到相互关联的、统一和协调的系统之中，从而可以完全共享所有资源、数据和知识，并且可以实现集中和高效的管理。

5．精准执行

智能制造系统可以基于可视化制造信息、制造系统本身信息、实时知识库以及当前环境状态等信息进行判断，确定下一步的最优制造行为，并执行自主决策，从而对制造系统的整体运行状态做出及时、准确的调整和处理。精准执行是保证制造过程和制造系统正常有序进行并实现最优效能的重要前提与保障，也是智能制造的重要体现和必然要求。

此外，智能制造还融合了信息化、数字化、网络化、自动化以及智能化等特点。信息化是指虚拟制造与实物制造协调生产模式贯穿着生产管理的全部业务过程；数字化是指采用数字化生产体系，实现制造业流程的虚拟化，提升制造的准确性与安全性；网络化是指利用计算机通信技术与互联网技术，实现制造业硬件、软件以及数据资源的共享；自动化是指生产过程中减少人为干预甚至达到无人操作，实现生产流程的自动化控制；智能化是指生产过程中不断地自主动态感知外部信息，凝练成指导实践的知识，并根据实际状况作出自我判断，产生自我决策，并依此执行。

1.4.2　智能制造的参考模型

智能制造系统是涵盖信息技术、智能技术和工业技术等多种技术的复杂系统。在智能制造中，为了更好地解决智能制造实施过程中面临的各种问题，需要给智能制造提供一个通用的参考模型，来构建智能制造标准体系。目前，已有许多智能制造国际组织对智能制造的参考模型和架构展开了研究并提出了智能制造的参考模型，下面以三个具有国际影响力的智能制造参考模型为例进行简要介绍，包括美国智能制造生态系统、"工业4.0"参考架构模型以及中国智能制造系统架构。

1. 美国智能制造生态系统

2016 年 2 月，美国国家标准与技术研究院（NIST）工程实验室系统集成部门，发表了一篇名为《智能制造系统现行标准体系》的报告[①]。这份报告总结了未来美国智能制造系统将依赖的标准体系，如图 1-7 所示。NIST 还旗帜鲜明地给出了不同的智能制造范式，即 Smart Manufacturing、Intelligent Manufacturing 和 Digital Manufacturing。实际上，这三类智能制造范式各有区分，但又相互交叉。

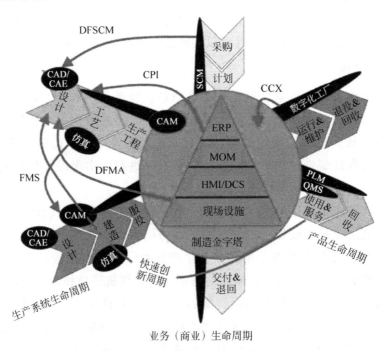

图 1-7 美国智能制造生态系统

根据该标准体系，智能制造生态系统涵盖的制造业内容非常广泛，主要包括生产、管理、设计和工程。美国智能制造生态系统展示了三个维度：产品、生产和业务，每个维度都表示独立的生命周期。制造业金字塔是美国智能制造生态系统的核心，三个维度与制造业金字塔有非常紧密的联系。每一个维度都为制造业金字塔从机器到工厂，从工厂到企业的垂直整合发挥作用。沿着每一个维度，制造业应用软件的集成都有助于在车间层面提升控制能力，并且优化工厂和企业决策。这些维度和支持维度的软件系统最终构成了制造

---

① https://nvlpubs.nist.gov/nistpubs/ir/2016/NIST.IR.8107.pdf

业软件系统的生态体系。

产品维度：产品生命周期涉及信息流和控制，从产品设计的早期阶段开始，一直到产品的退市，包含 6 个阶段：设计、工艺设计、生产工程、制造、使用和服务、废弃和回收。围绕这 6 个产品生命周期阶段，NIST 给出了更加细致的标准分类，从 5 个角度出发，分别是建模实践、产品模型和数据交换、制造模型数据、产品目录数据和产品生命周期数据管理。

生产维度：生产系统生命周期关注整个生产设施及其系统的设计、部署、运行和退役，分为 5 个阶段：设计、制造、调试、运营和维护、退役和回收。"生产系统"在这里指的是从各种集合的机器、设备以及辅助系统组织和资源创建商品和服务。虽然大部分产品模型开发和建模方法的标准同样适用于生产系统，但是作为一个最复杂的生产系统，仍然具有许多独特的标准，这是实现智能制造系统的根基。相比于它们所生产的商品，生产系统通常有一个更长的生命周期。此外，它们需要经常重新配置，从而对设计有独特的需求，更专注于支持复杂系统建模、自动化工程、操作和维护（运营管理）的标准。

商业维度：主要分为采购、计划、制造、交付与反馈，关注供应商和客户的交互功能。同时，还给出了制造商、供应商、客户、合作伙伴，甚至是竞争对手之间的交互标准，包括通用业务建模标准，制造特定的建模标准和相应的消息协议，这些标准是提高供应链效率和制造敏捷性的关键。该维度重点强调了三套专门面向制造的集成标准：美国生产与库存管理协会（American Production and Inventory Control Society，APICS）供应链运营参考、开放应用程序组集成规范（Open Applications Group Integration Specification，OAGIS）和制造企业解决方案协会的业务到制造标记语言（Business to Manufacturing Markup Language，B2MML）。

制造金字塔是智能制造生态系统的核心，产品生命周期、生产周期和商业周期都在这里聚集和交互。在智能自主操作和智能机器的行为里面，自我意识、推理和规划、自我纠错是关键。然而 NIST 想强调的是，这些行为带来的信息必须能够在金字塔内部上下流动。要想实现这种从机器到工厂，再从工厂到企业系统之间的集成，标准显然是至关重要的。基于标准之上的智能制造系统，就可以实现工厂数据快速决策，优化产量和质量；准确地评估能源和材料的使用，同时可以改善车间安全和加强制造业可持续发展[①]。

---

① http://www.cenvision.com.cn/news_show.php?id=61

2. "工业 4.0" 参考架构模型

2015 年 4 月, 德国"工业 4.0"平台发布"工业 4.0"参考架构模型 [1], 如图 1-8 所示。"工业 4.0"参考架构模型是为解决德国智能制造复杂系统的组成问题而引入的体系结构, 目的是在智能制造中达成对标准、实例、规范等"工业 4.0"内容的统一认识和理解。

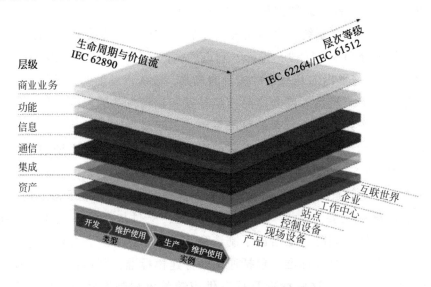

图 1-8 "工业 4.0"参考架构模型

"工业 4.0"参考架构模型从产品生命周期 / 价值链、层次结构等级、类别三个维度对"工业 4.0"进行了描述和定义。生命周期 / 价值链从产品生命周期的角度描述了从零件、机器和工厂所代表的工业元素的虚拟原型设计到实物生产制造的整个生命周期过程, 一个完整的生命周期应该包含从概念设计到最后的销售服务整个过程; 层次结构等级维度描述了"工业 4.0"中组装组件的分解结构; 类别维度是信息物理系统的核心功能, 按照功能划分成 6 层, 每层的功能都相互独立, 这 6 层包括资产层、集成层、通信层、信息层、功能层、商业业务层。

按照德国"工业 4.0"报告,"工业 4.0"的核心特征包括智能工厂、智能产品、大规模定制、员工的工作以及网络基础 [19]:

（1）智能工厂:"工业 4.0"将制造中涉及的所有参与者和资源的交互提升到一个新的社会 – 技术互动的水平（A New Level of Social-Technical

---

① https://www.innovation4.cn/library/r3740

Interaction)。它将推动制造资源形成一个可以循环的分布式网络(包括生产设备、机器人、传送带、仓储系统和生产设施)。该网络配备了传感器,可根据不同的状况进行自主调控与配置,并包含基于知识的计划和管理系统。应该说,这里描述的就是智能工厂的特点,也是"工业 4.0"愿景的核心部分,它不局限于企业内部,还将被植入企业之间的价值网络中,其特点是包括制造流程和制造产品的端到端的工程,实现了数字世界和物理世界的无缝融合。智能工厂将会让不断复杂化的制造过程可以为工作人员所管理,并同时确保生产具有持续吸引力,可以在城市环境中具有可持续性,并能够盈利。

(2)智能产品:"工业 4.0"中的智能产品具有独特的可识别性,可以在任何时间被识别出来,甚至当它们还在被制造的时候,它们就知道自己在整个制造过程中的细节。这意味着,在某些领域里,智能产品能够半自主地控制自身在生产中的各个阶段。不仅如此,它们还可以确保当变为成品之后能够按照何种产品参数最优地发挥作用,并且还可以在整个生命周期内了解自身的磨损和消耗程度。这些信息可以被汇集起来,从而让智能工厂能够在物流、部署和维护等方面采取相应的对策,达到最优的运行状态,也可以用于业务管理应用系统之间的集成。

(3)大规模定制:在未来,"工业 4.0"有可能将单个客户和单个产品的特定需求直接纳入产品的设计、配置、订货、计划、生产、运营和回收的各个阶段。甚至有可能在生产就要开始或者就在生产过程当中,将最后一分钟的变化需求纳入进来。这将使得即使制造一次性的产品或者小批量的产品,也仍然能够做到有利可图。

(4)员工的工作:"工业 4.0"的实施将使得企业员工可以根据对形势和环境敏感的目标判断,采取对应的行动来控制、调节、配置智能制造资源网络和生产步骤。员工的工作将从例行的任务中解脱出来,从而使他们能够专注在有创新性的、高附加值的活动上。结果是,他们将专注在关键的角色上,特别是质量保证方面。与此同时,通过提供灵活的工作条件,员工的工作和个人需求之间可实现更好的协调。

(5)网络基础:"工业 4.0"的实施需要通过服务水平协议,进一步拓展和提升现有的网络基础设施及网络服务质量的规格。这将使得满足高带宽需求的数据密集型的应用变为可能,对于服务提供商来说,也可以为具有严格时间要求的应用提供运行上的保证。

3．中国智能制造系统架构

2015 年，中国工业和信息化部、国家标准化管理委员会根据《中国制造 2025》的战略部署，共同组织制定了《国家智能制造标准体系建设指南（2015 年版）》，用于指导智能制造的标准化工作[①]。按照标准体系动态更新机制，国家智能制造标准化总体组于 2018 年组织制定了《国家智能制造标准体系建设指南（2018 年版）》[②]，明确提出了中国智能制造系统架构，如图 1-9 所示。智能制造系统架构的提出主要是解决智能制造标准体系结构和框架的建模研究相关问题。

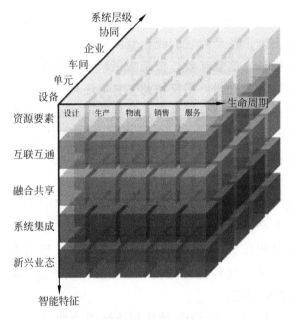

图 1-9　智能制造系统架构

智能制造系统架构主要由如下三个维度构成。

（1）生命周期：指从产品原型研发开始到产品回收再制造的各个阶段，包括设计、生产、物流、销售、服务等一系列相互联系的价值创造活动。生命周期的各项活动可进行迭代优化，具有可持续性发展等特点，不同行业的生命周期构成不尽相同。其中，设计是指根据企业的所有约束条件以及所选择的技术来对需求进行构造、仿真、验证、优化等研发活动过程；生产是指通过劳动创造所需要的物质资料的过程；物流是指物品从供应地向接收地的

---

① 　http://www.miit.gov.cn/n1146285/n1146352/n3054355/n3057585/n3057589/c4570069/part/4570534.doc

② 　http://www.miit.gov.cn/n973401/n4965332/n4965342/c6437915/part/6489131.pdf

实体流动过程；销售是指产品或商品等从企业转移到客户手中的经营活动；服务是指提供者与客户接触过程中所产生的一系列活动的过程及其结果，包括回收等。

（2）系统层级：指与企业生产活动相关的组织结构的层级划分，包括设备层、单元层、车间层、企业层和协同层。其中，设备层是指企业利用传感器、仪器仪表、机器、装置等，实现实际物理流程并感知和操控物理流程的层级；单元层是指用于工厂内处理信息、实现监测和控制物理流程的层级；车间层是实现面向工厂或车间的生产管理的层级；企业层是实现面向企业经营管理的层级；协同层是企业实现其内部和外部信息互联和共享过程的层级。

（3）智能特征：指基于新一代信息通信技术使制造活动具有自感知、自学习、自决策、自执行、自适应等一个或多个功能的层级划分，包括资源要素、互联互通、融合共享、系统集成和新兴业态等五层智能化要求。其中，资源要素是指企业对生产时所需要使用的资源或工具及其数字化模型所在的层级；互联互通是指通过有线、无线等通信技术，实现装备之间、装备与控制系统之间，企业之间相互连接及信息交换功能的层级；融合共享是指在互联互通的基础上，利用云计算、大数据等新一代信息通信技术，在保障信息安全的前提下，实现信息协同共享的层级；系统集成是指企业实现智能装备到智能生产单元、智能生产线、数字化车间、智能工厂，乃至智能制造系统集成过程的层级；新兴业态是企业为形成新型产业形态进行企业间价值链整合的层级。

该架构体系中，智能制造的关键是实现贯穿企业设备层、单元层、车间层、工厂层、协同层不同层面的纵向集成，跨资源要素、互联互通、融合共享、系统集成和新兴业态不同级别的横向集成，以及覆盖设计、生产、物流、销售、服务的端到端集成。

1.4.3　智能制造的核心技术

随着信息技术的不断发展，全球的制造业逐渐迈向智能化。与传统制造业相比，智能制造在传统制造的基础上融合了众多的新技术，是先进信息技术和制造技术的深度融合。目前，智能制造领域涉及的核心技术主要包括工业机器人、工业物联网、工业大数据、云计算、人工智能、3D 打印以及新兴的区块链等。

下面概述这些核心技术及其在智能制造中的应用。

1. 工业机器人

智能装备是制造装备的前沿和制造业的基础，也是当今先进工业国家的竞争目标。工业机器人作为智能制造业中的支撑技术，也是智能制造业中的代表性装备，对制造业的转型升级具有非常重要的意义。工业机器人是面向工业领域的多关节机械手或多自由度的机器装置，是靠自身动力和控制能力来实现各种功能的一种机器，它能自动执行工作，在无人参与的情况下，能够实现生产作业中的搬运、装配等工作。工业机器人具有可编程性、拟人化、通用性、涉及学科广泛等显著特点。目前，工业机器人技术和产业发展迅速，并被广泛地应用于制造业的各个领域，目的是更多地代替人类工作。工业机器人不仅能完成更复杂和精细的工作，而且能够显著提高产品质量和生产效率，保障生产员工的人身安全。

2. 工业物联网

工业物联网是将物联网技术应用到工业和制造领域而形成的专用技术体系。具体来说，工业物联网是在工业生产的各个环节，引入具备感知、监控能力的各类采集或控制传感或控制器以及移动通信、智能分析等技术。工业物联网也是高度跨学科的技术，涉及众多关键技术，例如传感器技术、设备兼容技术、网络技术、信息处理技术及安全技术等。目前，工业物联网在制造业中的应用主要集中在制造业供应链管理、生产过程工艺优化、生产设备监控管理、环保监测及能源管理和工业安全生产管理等方面。

在智能制造中使用工业物联网技术，有助于提高制造效率、降低产品生产成本、降低生产资源消耗，并且能够有效地改善产品质量。制造企业可以借助工业物联网技术和平台实现智能化生产，通过企业互联实现网络化协同，通过产品互联实现服务延伸，并在精准对接用户的基础上满足个性化定制的需求，推动传统制造型企业向生产服务型企业转型。

3. 工业大数据

近年来，制造业在生产上对数据的依赖程度不断增加，特别是在《中国制造2025》战略实施后，"制造业数字化、网络化、智能化"被定义为是新工业革命的核心技术，数据对企业经营的重要性提高到了前所未有的高度。现代制造过程中，整个产品全生命周期各个环节均产生体量庞大、极具价值的数据，传统信息技术越来越难以处理这些高度复杂的大数据，因而工业大数据技术应运而生。工业大数据具有数据量大、多样、快速、价值密度低、时序性、强关联性、准确性、闭环性等特点。制造业智能化的关键就在于这些数据的自由流动和对其进行有效的挖掘使用。

利用工业大数据技术，可以对收集到的海量工业数据进行分析，以便让制造企业能更好地了解问题所在，最终把分析结果用于优化生产和运营，从而使得制造业更快地实现转型升级。工业大数据技术正在使工业企业决策制定的方式和流程发生根本性的转变，这导致想要寻求革新的企业必须调整传统的经营思维模式和组织架构。如何针对大数据发展，转变经营思维，创新企业管理模式，充分有效地利用大数据进行赋能成为企业面临的迫切挑战。

4. 云计算

云计算是新一代信息技术的典型代表，也是目前智能制造产业的核心技术。一般而言，云计算技术通过互联网来提供动态易扩展且经常是虚拟化的资源，这些资源（包括网络、服务器、存储、应用软件、服务等）和计算模式具有大规模、虚拟化、高可靠性、高可用性、高扩展性等特点，且一般按需服务、按使用量付费。

智能制造需要高性能计算和网络基础设施，通过云计算技术实现自动化和集中式管理，把智能制造企业数据存储在网络云端，让企业实时掌握庞大的企业数据，可以减少高昂的数据中心管理成本，是实现我国制造业从低端制造向高端制造转变的重要途径。

5. 人工智能

智能制造是人工智能技术的典型应用领域，其特征是制造系统具备了一定程度的自主学习能力，并通过深度学习、强化学习等代表性人工智能技术应用于制造领域各环节，使得知识产生、获取、运用和传播效率发生革命性变化，进一步提升制造业的创新与服务能力。人工智能可以在生产制造管理方面发挥作用，创新生产模式，提高生产效率和产品质量。人工智能技术也可以通过物联网对生产过程、设备工况、工艺参数等信息进行实时采集，对产品质量、缺陷进行检测和统计。例如，在离线状态下，可以利用机器学习技术挖掘产品缺陷与物联网历史数据之间的关系，形成控制规则；而在在线状态下，则可以通过增强学习技术和实时反馈，控制生产过程，减少产品缺陷；同时集成专家经验，不断改进学习结果。

目前，人工智能技术在制造业中的融合应用不断扩展，不仅涵盖了消费、电子、纺织、冶金、汽车等多个传统制造业产业，还涉及高端装备制造、机器人、新能源等战略新兴产业，覆盖制造业的研发创新、生产管理、质量控制、故障诊断等多个方面。

6. 3D 打印

3D 打印是全球智能制造领域的关注热点，其作为一种颠覆性的先进制造技术，在一定程度上改变了传统制造业的发展模式。相比于传统制造技术，3D 打印技术具备支持产品快速开发、节约制造成本、个性化制造和再制造等优点，被广泛地应用在工业设计、航空航天、医学、汽车行业等领域。3D 打印技术与互联网技术的日益融合，有望形成全新的智能制造生态系统，起到节约成本、加快进度、减少材料浪费等效果，促进制造业全流程的智能化。

7. 区块链

区块链技术是新一代信息技术的前沿，也是本书后续章节重点讨论的新兴技术[20]。一般说来，区块链被广泛认为是一种去中心化的分布式账本数据库，它具有去中心化、不可篡改、可追溯等特点。区块链使用时间戳和密码学技术，把交易记录记载在按时间序列组成的数据区块中，并采用共识算法使得分布式节点针对数据区块达成一致，从而生成永久保存、不可篡改的唯一数据记录，达到不依靠任何中心化机构而实现可信交易的目的。传统数据存储模式一般依赖中心节点，任何数据需求都要向中心节点索取，而区块链每个数据节点上都有一份相同的数据副本，从物理上已经实现了去中心化、全分布式存储和数据共享；同时，区块链数据使用非对称加密技术进行加密，要访问区块链数据必须得到授权。这种加密分布式数据存储技术的安全性在比特币等商业交易中已经得到了充分证明，有效地实现了数据共享与隐私保护的统一。

目前制造业普遍存在的行业痛点，例如信息不对称、资源难以共享、交易费用高等，严重制约了制造业的发展。区块链技术有助于实现制造数据上链后在各参与方之间共享，同时对敏感信息进行隐私保护；区块链技术使得制造供应链上下游企业的信息流、物流和资金流无缝整合，可以有效突破供应链各环节的数据孤岛；区块链账本记录的可追溯性和不可篡改性也有利于企业审计工作的开展，便于发现问题、追踪问题和解决问题，提高生产制造过程的智能化管理水平；此外，区块链还可以通过智能合约优化制造业务运营效率，创新制造业企业的财务审计，对生产记录进行全流程追踪、减少假冒伪劣产品、顺利实现产品召回等，实现制造业企业的资产智能化，有效保护制造业企业的知识产权等。

目前，上述技术是业界广泛提及的智能制造的核心技术，另外还有一些其他技术（如工业网络安全、虚拟现实等）也对智能制造的发展起到了重要的支撑作用。

参考文献

[1] 黎霞，朱江峰．先进制造技术 [M]．2 版．北京：北京理工大学出版社，2009．

[2] 王隆太．先进制造技术 [M]．北京：机械工业出版社，2015．

[3] 王飞跃．智能制造：新时代智能产业革命的基石，高科技与产业化 [J]．高科技与产业化，2017，258：26-29．

[4] 王飞跃，高彦臣，商秀芹，等．平行制造与工业 5.0：从虚拟制造到智能制造 [J]．科技导报，2018，36(21)：10-22．

[5] WANG F Y. From Social Computing to Social Manufacturing:the Coming Industrial Revolution and New Frontier in Cyber-Physical-Social Space[J]. Bulletin of Chinese Academy of Sciences, 2012, 27(6): 658-669.

[6] WANG F Y. From Social computing to Social manufacturing: A New Frontier in Cyber-Physical Social Space[C]. The 2nd International Conference on Social Computing and Its Applications, Xiangtan, Hunan, China, November 1-3, 2012.

[7] 王飞跃．复杂性研究与智能产业：平行企业和工业 5.0[R]．上海：2014 控制工程师峰会，2014．

[8] WRIGHT P K, BOURNE D A. Manufacturing Intelligence[M]. Addison-Wesley, 1988.

[9] 工业 4.0 工作组．德国工业 4.0 战略计划实施建议（上）[J]．机械工程导报，2013，(7/8/9)：23-33．

[10] 日本经济产业省．日本制造业白皮书（2018）[R/OL]. http://cdmd.cnki.com.cn/Article/CDMD-10165-1019056736.htm, 2018.

[11] 唐立新，杨叔子，林奕鸿．先进制造技术与系统第二讲智能制造——21 世纪的制造技术 [J]．机械与电子，1996，2：33-36，42．

[12] 季根林，蒋永加，马宪卫．先进制造技术的发展及对策 [J]．江苏航空，2000，(s1)：53-54．

[13] 李俊江,孟勐．美国"再工业化"的路径选择与启示：创新驱动增长 [J]．科技管理研究，2016，36(2)：1-6．

[14] 周济．智能制造——"中国制造 2025"的主攻方向 [J]．中国机械工程，2015，26(17)：2273-2284．

[15] 王喜文．日本机器人新战略 [J]．中国工业评论，2015，(6)：70-75．

[16] 肖红军．韩国产业政策新动态及启示 [J]．中国经贸导刊，2015，(4)：12-14．

[17] 李玮，王叶子，龚晓峰．印度制造：寻找中国企业的机会 [J]．中国对外贸易，2016，(6)：42-44．

[18] 田恺，张勤，张凯，等．智能制造关键支撑技术发展浅谈 [J]．自动化应用，2018，(5)：146-147．

[19] 彭俊松．工业 4.0 驱动下的制造业数字化转型 [M]．北京：机械工业出版社，2016．

[20] 袁勇，王飞跃．区块链技术发展现状与展望 [J]．自动化学报，2016，42(4)：481-494．

第 2 章

智能制造的
机遇与挑战

———

人工智能、大数据、物联网等新一代信息技术的兴起与高速发展，为制造业转型升级提供了坚实的信息技术基础。随着这些新兴技术与制造业的不断融合，当前的制造业呈现出诸多新的特征，例如不断提高的生产效率、对市场的快速响应能力，以及逐渐凸显的个性化和智能化水平等，智能制造无疑已成为未来制造业发展的主流方向和必然趋势 [1, 2]。在制造业由信息化、自动化向智能化转型升级的过程中，面临着大量的发展机遇与挑战。本章首先介绍当前智能制造领域所面临的发展机遇、问题和挑战，然后简要介绍新兴的区块链技术如何助力解决智能制造所面临的这些问题与挑战。

2.1 智能制造的发展机遇

随着"工业 4.0"概念于 2013 年由德国政府正式提出，全球掀起了发展智能制造的热潮，旨在通过大力发展智能制造，力争在新一轮产业变革到来之时，抢占实体经济发展的先机。现阶段的经济环境、政策支持、技术支撑等各方面的因素，都为智能制造的发展创造了良好的新机遇 [3, 4]。

（1）在经济环境方面，全球第四次产业转移对中国智能制造发展提出了新挑战，即如何在全球产业加速转移的大背景下提升我国制造业核心竞争力，推进我国从制造大国向制造强国转变。同时，这次产业转移也为智能制造的发展带来新的机遇。国内传统制造业在全球产业转移的大背景下压力陡增，以低成本、低价格、大销量为主的粗放式发展模式已经难以为继，加强核心技术研发能力、树立具有国际影响力的知名品牌、打造智能制造发展新业态、新模式成为了我国制造业发展的关键。另外，供给侧结构性改革也为中国智能制造发展带来新机遇。当前，经济的平稳增长、产业结构的不断优化、核心技术的不断突破、产品质量的不断提升、服务型制造的加速转型，都为我国智能制造发展提供了良好的基础，而摒弃盲目扩大产能，积极推进提质增效，为我国智能制造厚积薄发带来了新机遇。

（2）在政策支持方面，《中国制造 2025》及 "1+X" 规划体系为中国智能制造发展带来新思路。《中国制造 2025》明确我国将要大力发展智能制造，并列举了包括新一代信息通信技术产业、高档数控机床和机器人、航空航天装备等在内的十大重点发展领域。为进一步落实该战略，国家制造强国建设领导小组编制了 "1+X" 规划体系，其中 "1" 是指《中国制造 2025》，"X" 是指 11 个配套的实施指南、行动指南和发展规划指南。"1+X" 规划体系将站在国家高度，通过政府自上而下的引导，发挥 "产学研政" 融合发展的优势，吸纳优质社会资源要素，从发展重点、发展模式和配套服务等多个方面，为我国智能制造发展指明新思路[①]。

（3）在技术支撑方面，人工智能、物联网、3D 打印等为智能制造的发展提供了可靠的技术支撑。基于人工智能的建模与仿真技术是制造业不可或缺的工具与手段，涵盖从产品设计、制造到服务完整的产品全生命周期业务，为制造系统的智能化以及高效验证与运行提供了使能技术。人工智能的使用可以积极应对劳动力短缺和用工成本上涨的问题，并提高产品品质和作业安全性。物联网、服务计算、云计算等信息技术与制造技术融合，构成制造物联网，实现软硬件制造资源和能力的全系统、全生命周期、全方位的透彻的感知、互联、决策、控制、执行和服务化，使得从生产、销售、物流到服务，实现泛在的人、机、物、信息的集成、共享、协同与优化的云制造。3D 打印技术无需机械加工或模具，就能直接从计算机数据库中生成任何形状的物体，从而缩短研制周期、提高生产效率和降低生产成本。3D 打印与云制造技术的融合将是实现个性化、社会化制造的有效制造模式与手段。

2.2　智能制造的问题与挑战

制造业作为实体经济的主体，其发展水平在很大程度上可以反映一个国家的综合国力以及国际地位与影响力。目前，世界各国都在大力发展制造业，将先进的生产力和技术引入制造流程，以解决传统制造模式面临的困难和挑

---

① 　www.sohu.com/a/235267158_378413

战[5-7]。随着互联网、物联网、人工智能、区块链等新技术的发展以及在制造业中的深化应用，制造业中的制造环节和制造流程得到了不断的优化，制造效率得到了极大的提升，制造业已进入智能制造快速发展的新阶段。然而，目前智能制造在诸多方面还存在着许多不足之处，如基础薄弱、数据安全、信任缺失、数据公开共享、生态与激励缺失等，亟须采用新一代信息技术加以解决。下面首先梳理当前我国智能制造所面临的若干问题，然后介绍新兴的区块链技术如何助力解决这些问题。

2.2.1 基础薄弱

基础薄弱是我国智能制造面临的第一个关键问题，主要体现在以下方面：

（1）我国制造业呈现出发展失衡的特点，主要体现在机械化、电气化、自动化、信息化等多个发展阶段并存，不同区域、不同行业、不同企业的智能化程度差异较大、发展不同步，高端芯片、关键部件、高精度传感器等智能制造关键核心技术缺乏原创性和足够的创新性，并且与国外发达国家差距较大。此外，高端智能装备欠缺，传感器、控制系统、工业机器人、高压液压部件及系统等关键智能装备核心部件依赖于进口，从而导致智能制造在我国的发展与推广在价格、交期、服务、软件的适用性等方面受到诸多限制。另外，智能制造核心部件以及智能制造的重要基础技术、智能控制技术、智能化嵌入式软件等核心技术对国外依赖性较高，这极大地限制了我国智能制造行业的发展潜力。

（2）我国智能制造业面临着标准缺失、滞后、交叉重复等问题，细分行业政策和相关国家标准研究仍需完善。目前，我国的智能制造产业面临着需求多样化、碎片化、地域性、行业性等特点，需要针对不同行业、不同地域、不同工作环境下的个性化需求以及不同标准下的工作和服务需求，制定不同的政策标准。此外，随着我国制造业智能化程度的提升，行业、地域等方面的细分标准也需要不断调整，以满足不同时期的智能化需求。

（3）我国智能制造系统集成能力亟须提高。我国已成为世界上最大的智能制造需求市场，但智能制造系统解决方案供给能力不足，缺少具有较强竞争力的系统集成商。受核心技术薄弱、人才缺失、应用领域单一等因素影响，我国的智能制造系统集成商普遍规模不大，因此国产智能制造系统解决方案的功能还有待完善。

（4）我国智能制造领域相关企业管理观念转变滞后，信息化人才缺口较大，专业人才和高端人才培养机制不够健全，亟须培养该领域的相关人才，强化该领域的人才队伍建设,以适应其企业特点和整体发展规划的需要。目前,智能制造业各个环节对人才的需求量呈几何式增长,相关人才储备严重不足。开放、虚拟化的智能制造平台需要大量的人机交互、机器与机器交互,亟须大量高素质的研发人员和技术工人。此外,我国智能制造产业中的装备研发、软件开发、技术服务等重点领域也面临人才缺乏的情况,亟须熟悉智能制造理念、掌握智能制造相关技能的高技术人才。例如,图 2-1 为奥地利"工业 4.0"研究院对于人才培养的需求分析。

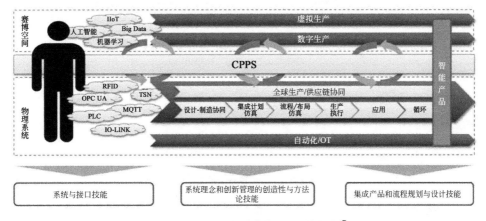

图 2-1　"工业 4.0"时代的知识结构需求[①]

（5）我国智能制造产业目前在政策、产业、学术、应用、资金 5 个方面呈现出发展不均衡的特点,政策与学术发展势头迅猛,而产业、应用与资金的发展有待进一步提升。智能制造面临落地难、试点示范应用不足等问题,大型企业已逐步开始应用智能制造并取得一定的成果;然而,智能制造在中小型企业以及离散型企业中的应用前景和优势还需要不断探索。

2.2.2　数据安全

智能制造通过信息技术和工业技术的高度融合,构建资源、信息、物资和人力资源相互关联的社会物理信息系统（CPSS）[8],如图 2-2 所示。CPSS通过融合现实物理空间和虚拟网络空间,将物理世界、心理世界和人工世界融为一体,形成人机结合、虚实互动的复杂系统。因此,从更深层面来说,智能制造不仅是实体的技术和方式转型,更是思维方式的变化和制造业自身价值链的转变,即:将制造业从专注制造产品扩展成集采购、生产、销售、

---

① http://www.clii.com.cn/lhrh/hyxx/201901/t20190129_3926101.html

服务为一体的完整价值链。在这条价值链中，自动化和互动性不仅仅发生在工厂环境的范畴，更延伸到整个价值链上，扩展到供应商和客户身上，解决完整的生产环节。一方面，工业生产部分依托信息技术实现"数字孪生"；另一方面，虚拟系统最终还是要回归实体系统，实现工业生产环节的末端链接——在工业生产中，即末端制造。

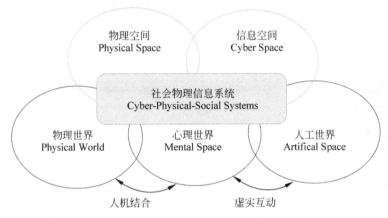

图 2-2　社会物理信息系统 [8]

当整个制造业生产的生命周期都依托于互联网形成闭环，信息安全的重要性就不言而喻。物联网的普及意味着更长的链条，更多维度的元素融入，这使得智能制造在数据与信息安全方面面临新的严峻挑战。制造型企业在推进数字化转型过程中，很多采取了"云计算＋移动互联网"的方式，既可解决移动端数据处理能力不足的问题、为移动应用的高效协作提供了统一的基础设施支撑，又为云计算提供了敏捷的前端能力；尤其是前后端进行有机整合之后，可以借助前后端大数据的分析，在精准把握客户需求方面提供强大支撑。然而，暴露在物联网环境下的企业关键数据（如产品参数、用户隐私等）面临着被窃取和非法利用的危险，企业生产管理系统（包括 ERP、MES、CAPP、PLM 等）、办公网络等关键信息基础设施面临着被网络攻击、病毒入侵等威胁，数据泄露事件和漏洞数量的增长让人们意识到缺少安全性的数字化转型将导致企业面临灾难性风险。"数据安全"问题关乎制造型企业数字化发展和智能制造业的可持续发展。

概括来说，数据安全问题在智能制造数据防护、监测、预测以及响应等方面均有所体现。

（1）在智能制造数据安全防护方面，主要体现在：防火墙、分网、封堵端口、关键远程、升级病毒库、杀毒、打补丁、补潜在漏洞等措施不完善；对于应对安全威胁的技术支撑队伍的建设缺乏足够的重视；安全管理制度、操作流程、技术措施和管理体系亟待加强。

（2）在智能制造数据安全监测方面，主要挑战来自于：制造型企业对日志、攻击来源、潜在风险及已发生数据安全事件的数据收集能力；对于制造云平台中已知与未知的各类安全威胁的精确感知能力；建立面向移动终端的可靠的安全管控能力；对终端、应用、数据进行安全管理，研判可能的安全风险等级，提升检测事件、确认风险和遏制数据安全事件的能力等。

（3）在智能制造数据安全预测方面，制造型企业往往需要借助专业网络安全服务公司支持，才能对收集的各类数据进行主动风险分析，获取攻击来源信息（如 IP、地区、类型等）进行分析研究，评估安全风险事件的可能影响及潜在攻击目标，在独立建立态势感知、大数据安全管理等平台、提升制造系统的大数据安全分析方面的能力不足。

（4）在智能制造数据安全响应方面，如何按照安全事件应急处置要求，建立应急响应指挥机构和技术支援队伍，进行启动预案、预警提示、指挥决策、应急处置、调查评估等工作，组织各类应急资源进行快速应急响应与指挥处置工作，调查取证，进行终端修复，将数据安全事件的发生对经营发展、生产管理等核心工作的影响降到最低等是智能制造面临的最大挑战。

制造型企业数字化转型带来全新的网络威胁和安全需求，驱动我们需要从技术思想、方法论到产业思维进行演进，推动我们重新审视现有的安全防护模式。传统边界防护的被动安全理念显然已经无法胜任数字化转型，我们需要革新安全理念、技术和模式，实现从事后补救到安全前置，从局部分割到全面防护，从被动安全到主动安全的转变，构筑主动、智能、全面的安全防护体系，为数字化转型提供有力的安全保障。目前相当多企业开始逐渐意识到自身的数字化转型正处于风险状态中，但企业过于依赖传统的防护机制，在面对不可预知且无法避免的入侵行为时，大多数企业检测和响应能力有限，导致企业业务停摆时间更长，企业经济损失加剧。

为应对网络安全环境巨大变化，特别是在云计算、物联网、大数据、人工智能、移动互联网等先进技术迅猛发展的情况下，制造型企业需要建立一种能够具有预测、防护、检测、响应功能的自适应安全管控体系，将安全防护看作是一个持续处理的、循环的过程，需要细粒度、多角度、持续化地对安全威胁进行实时动态分析，自动适应不断变化的网络和威胁环境，并不断优化自身的安全防护机制。这需要从企业的安全差距分析入手，到各个业务场景的安全落地实施，帮助企业应对持续威胁和高级威胁，构成安全防护闭环，实现从安全产品购买部署到安全防护能力与企业业务深度融合并高效发挥作用。

2.2.3 信任缺失

在制造业快速发展的今天，我国智能制造产业的智能化程度逐渐提高，然而，信任缺失仍然是我国智能制造面临的重要问题。

（1）智能制造依赖于大数据、人工智能、物联网等技术，是通过大量的应用程序实现的。这些新技术给人类的生活带来了诸多便利，不仅有效提升了我们的工作效率，而且极大地提高了我们的生活质量和生活水平。然而，这些新技术在为我们提供便利的同时，也不可避免地带来了诸多潜在风险。智能制造主要是通过软件主导，一旦软件出现严重漏洞，则可能会带来严重后果。例如，在自动驾驶过程中，仍然需要司机全神贯注的注意力，以及时应对难以预测的潜在风险。如果司机完全依赖于智能驾驶，则一个很小的软件漏洞就可能引发难以预估的严重后果。

（2）智能制造业整个产业链中包含多个环节，每个环节又包含多个企业，各个环节以及各企业之间缺少信任。在智能制造实施过程中，包含制造需求确定、研发设计、加工生产过程、上下游企业之间的合同签订、销售服务等多个环节，由于各环节之间的信息不对称、不透明与不互通，以及缺乏良好的信任机制，容易引发各企业之间的相互不信任，而信任的缺失又会给整个智能制造产业链带来巨大的影响，从而制约智能制造业的发展。

（3）目前智能制造商品造假问题严重。由于生产假冒伪劣商品成本较低，可以为制造商带来巨大的利润，有些非法制造商不惜损害消费者的利益生产假冒伪劣商品。制造假冒伪劣产品投放市场，以次充好，不仅会对企业品牌形象造成严重的影响，而且会损害消费者健康和利益。尤其是随着目前电子商务的不断发展以及网购的日益成熟，商品造假隐患越来越严重，直接导致制造商家的信任缺失慢慢渗入到消费者的心里。企业如果缺乏诚信，将会失去市场立足之地，无法在市场中生存，这将严重影响社会经济的发展。因此，近几年来，伴随着信息化产业的快速发展，制造企业对于产品在生产、流通、分销和零售等环节的实时跟踪和监管的需求变得日趋强烈。

（4）目前市场上的大多数制造商品在销售到消费者的流通过程中存在制造商、经销商、代理商等多个环节，制造商把商品完全交予经销商或代理商进行市场操作，造成了消费者与制造商之间完全脱离。这种模式下，经销商或代理商对商品质量起着关键性的作用。但当前实际中，由于商品法制不健全，全社会诚信水平普遍较低，监管存在种种漏洞等原因，商品一旦从制造商进入经销商或代理商等流通环节就难以被有效监管，可能导致商品存在假冒伪劣或质量不合格的情况。为了保证商品质量且提高消费者对制造商的信任，制造商可以减少商品流通的中介环节，将产品直接销售给顾客。典型的案例有戴尔公司，通过直接营销模式销售计算机，即戴尔公司通过网络销售的方式把产品直接销售给消费者，流通环节没有经销商或代理商等中介方。

（5）智能制造数据难以溯源。智能制造离不开大数据的支撑，制造过程中会产生海量的数据。随着智能制造的网络化和数字化发展，目前，智能制造工厂内部生产管理数据、生产操作数据以及工厂外部数据等海量数据都将面临潜在的数字威胁，如产品数据被盗、篡改和泄露，而这些威胁在制造过程中每一个都会产生非常严重的后果。问题数据在制造环节的追溯问题也渐渐重要起来，溯源不仅仅是追溯数据源头问题，还需对数据流转过程进行追踪。目前，商品信息的溯源制度尚未健全，监控部门只能发现问题商品却不能根除生产过程中存在的数据问题导致的风险隐患。如何帮助制造企业在生产过程中阻止和揭示这些潜在的数字威胁，实现数据溯源制造过程中的追踪也变得尤为重要。

（6）智能制造数据真伪难辨。近几年来，随着市场经济的发展，智能制造业发展的很大问题之一是智能制造数据没有实现公开共享导致对数据鉴真工作起到阻碍作用，智能制造数据的真实性、安全性和可靠性均无法得到保证，随之出现的严重后果是生产销售者在产品生产和销售过程中掺杂、掺假，以假充真，以次充好，涉及食品、服装、家电、医药等各种制造业，假冒伪劣商品的生产和销售给市场的信誉和声誉造成了非常严重的损害。目前，由于假冒伪劣商品的制作技术越来越高，假冒伪劣商品的生产和销售现象变得更为隐蔽和越发严重，一般非专业人士很难辨别商品的真伪。为了防止有非法商家和销售者恶意假冒制造商品，针对这种情况，从商品的生产到出厂销售，很多商家采用防伪技术来进行商品的防伪追踪。但是由于商品流通环节多且日益复杂，尽管现有的防伪技术也在持续不断提升，但还是无法从根本上解决防伪码被复制和被盗引起的商品造假问题。因此，消费者无法通过防伪码鉴别商品的真伪。

（7）我国的智能制造业目前处于蓬勃发展的阶段，商品出口量稳居世界前列。然而，有些智能制造企业缺乏完善的产品质量管理工具，所生产的零部件可回溯性较差，为了控制成本而偷工减料，从而导致我国部分商品遭受质疑，广大消费者对智能制造产品的质量缺少信任。由于新产品研发的高成本、知识产权保护和监管不到位，以及仿造、抄袭的低成本、高收益和低风险，制造业各环节企业的知识产权侵权现象越来越严重，仿制品、劣质品充斥市场，这已经成为我国传统制造业中面临的重大问题，也是导致消费者对我国制造业逐渐丧失信心的重要原因。我国智能制造企业需要从原材料、产品生产全过程以及分销、售后等所有环节进行控制，在缩短产品的研发、上市和销售周期的同时，提升自主创新的能力，以应对目前我国智能制造业所面临的信任危机。目前，我国的智能制造业的规模化生产已达到世界领先水平，然而在产品创新和产品质量方面，还有很大的提升潜力，必须以产品为核心，围绕产品生命周期中各个阶段的产品数据对智能制造过程进行科学有效的管理，不断提升产品质量，从而恢复广大消费者对我国智能制造业的信心。

2.2.4　数据公开共享

数据是智能制造的重要基础，智能制造如果离开数据，一切将无从谈起。智能制造的数据共享使得传统的线下生产与服务，转变为线上的数字化流程，从而带动制造行业生态发展，提升智能化水平。在这个过程中，数据是连接线上线下、企业内外各个流程的重要环节，通过大数据采集、分析与共享，对制造业产品的研发、采购、制造、管理、运输、销售等一系列环节提供反馈与支持，不断提升产品质量以及消费满意度。然而，在现实中，智能制造的数据公开与共享方面仍旧存在较多的问题。

（1）从政府主导的宏观层面来看，本身我国的数据开放与共享的水平就相对较低。在全球范围内，运用大数据推动经济、社会发展已成为共识，推行政府数据共享开放成为新的趋势。我国信息数据资源80%以上掌握在各级政府部门手里，如果大量数据"深藏闺中"，无疑是极大的浪费。目前，我国从中央到地方都在积极推进政务大数据的开放和共享。2016年国家政府出台了一系列文件，包括工业和信息化部出台的《大数据产业发展规划（2016—2020）》、国发51号文件《政务信息资源共享管理暂行办法》等，都将政务数据资源的开放和共享置于比较重要的位置。政府数据开放是指政务数据资源通过网站或API接口对社会开放，而政府数据共享是指政府部门之间内部的数据资源共享。当前，我国数据的开放与共享仍然处于相对较低的水平，主要体现在如下三个方面。第一是"不愿开放"。部分政府、产业部门等在数据开放与共享方面缺乏动力，部门利益的本位思想较重。第二是"不敢开放"。由于相关制度、法律法规以及标准的缺失，各主体往往不清楚哪些数据可以跨部门共享和向公众开放，认为数据开放和共享具有较大风险从而不敢过多开放数据。第三是"不会开放"。数据开放共享在技术层面也存在问题。由于缺乏公共平台，政府数据开放共享往往依赖于各部门主导的信息系统，而这些系统在前期设计时往往对开放共享考虑不足，因此实现信息开放共享的技术难度较高。

（2）智能制造相关的大数据技术及产品原创性不足导致数据开放与共享存在阻碍。大数据技术及产品研发近年来发展迅速，但与主要发达国家相比仍有较大差距，大数据相关的原创性技术与产品尚不足，尤其是开源产品的技术标准与发达国家差距非常明显。尽管在局部技术方面实现了单点突破，但大数据领域系统性、平台级技术创新仍不多见。大数据处理工具都是"他山之石"，一些知名企业用的都是国外的数据采集、数据处理、数据分析、数据可视化技术，自主核心技术突破还有待时日。这些问题均使得智能制造产业在数据开放与共享方面存在阻碍。

（3）智能制造的数据产品与服务的供需不匹配，使得数据开放与共享的效率较低。智能制造的大数据需求侧对大数据产品、服务和解决方案的要求日渐提升，但同时供给侧对他们的需求核心、性能与功能指标要求等不够了解，供需双方的信息不对称导致供需的不匹配，从而使得数据开放与共享的效率较低。具体来说，智能制造行业用户面临着如何选择商用产品、如何构建和运维大数据平台等问题；而供应商则面临着紧跟技术趋势、对接用户需求的压力。

（4）大数据产业本身也存在应用领域不广泛、应用程度不深、认识不到位等问题，使得其无法为智能制造所需的数据开放与共享提供很好的支撑。在政府层面，依据《大数据产业发展规划（2016—2020）》，大数据的技术将应用到经济社会生活各个领域，深入影响各行业信息化发展、促进传统产业转型升级。在企业层面，依据中国信息通信研究院的市场调查报告，近六成企业已成立数据分析相关部门，超过 1/3 的企业已应用大数据，超过 60% 的企业将大数据应用于营销分析。大数据应用为企业带来的明显效果是实现了智能决策和提升了运营效率。但是，由于企业内部或政府内部信息孤岛现象存在，管理层面和技术层面的沟通不畅，对于新技术、新事物的认识需要一定的时间来深化，大数据的落地应用仍然不多，大数据产业规模仍然主要由风险投资来支持，还没有进入全产业盈利的良性发展阶段。根据 Data.gov 全球开放数据深度报告，包含大数据应用水平、执行程度及影响力的综合评分中，中国得分为 11.8 分，而美国的得分为 93.4 分，差距明显。大数据产业本身存在的这一问题，使得其不足以支撑大数据在智能制造产业链上有效地开放、共享、交流，以促进制造业的智能化发展。

（5）智能制造数据开放与共享的安全界限尚不明确，使得行业各主体不敢贸然实施。数据资源流通与交易是智能制造产业和应用发展的基础，市场各方对推动数据流通共享的需求呼声很高，但数据安全界限尚不明确。首先，现行法律法规在个人信息保护上的限定过于宏观，许多问题仍未明确。例如各种法律法规中规定的"匿名化""知情告知""明示授权"也分别存在类似于"需要匿名化到什么程度""用户是否可以拒绝提供信息""什么样的信息可以默示授权"等尚未厘清的问题。欧盟的《通用数据保护规范》（GDPR）的出台可以在一定程度上为处理隐私和数据保护的方式和标准提供参考。其次，制度、标准等发展滞后于产业增长速度。如今中国数据交易流通的产业链已经初步形成，在全国各地开花，数据交易流通产业规模逼近百亿元产值；超过18家地方政府建立了以政府数据开放、数据资产管理、本地数据流通为目标的区域数据交易市场。产业界普遍对数据资源在企业间流通共享所产生的价值预期很高。而传统的制度建设以及标准体系建设需要国家层面统筹，审批环节较多，与产业迅猛发展的速度无法匹配，很多合法的业务难以开展。

（6）智能制造数据也存在公开共享问题。智能制造数据是智能制造的核心驱动力，目前来看，智能制造数据分为两类。一类是人类轨迹产生的数据，包括在现代工业制造链中，从采购、生产、物流到销售市场的内部流程以及外部互联网信息等。另一类主要指通过传感器等物联网技术获得的大量的制造数据。目前，智能制造的一体化已经成为智能制造发展的主要方向，而智能制造数据的公开共享在提升智能制造一体化水平方面具有十分重要的作用。智能制造数据如果无法实现公开共享，那么智能制造数据就得不到相应的充分利用，数字资源的配置效率也得不到优化和提高。另外，在智能制造数据不通的情况下，产业结构不合理，很容易出现产能过剩的情况。

2.2.5 激励与生态缺失

自从《中国制造2025》被首次提出后，很多企业已经开始实施智能制造，在生产流水线上引入智能的概念、工艺和设备，改变或淘汰传统生产方式。从本质上来看，生产流水线上的智能只是智能制造的初步，真正的智能制造是一个大的生态系统概念，涉及供应链上下游以及售前、售后等多个环节合作伙伴的共同智能化改变。智能制造是将先进的IT智能技术与制造业充分融合并发生一系列"化学反应"，而无论互联网、云计算还是大数据都是开放的体系，因此在融合的过程中制造业也需要打开大门，由原来相对封闭的体系走向开放，充分拥抱制造业之外的生态环境。然而，目前智能制造面临激励和生态缺失这一现实问题，极大地影响了智能制造产业的发展进程。

1. 人才激励缺失

人才是智能制造的基础和成功的关键因素。然而，目前智能制造行业的人才激励机制在以下几方面还存在严重缺失，亟须完善的激励机制来吸引、培育和使用更多智能制造领域的人才。

（1）缺乏完善的人才引进政策和培养机制，无法为高技能人才在就医、住房、子女教育、医疗休养等方面提供充足的保障，以及为高技能人才创新创造能力提供舒心的环境，难以解决人才管理、晋升、流动等方面面临的各种难题，加上缺少良好的产学研交流合作平台、公平的晋升通道，从而无法激发研发人才的积极性、主动性和创造性，并最大化人才的价值。

（2）缺乏合理的人才选拔与奖励机制，缺乏高技能人才激励长效机制以及人才激励项目，对知识型、技能型、创新型人才缺乏足够的吸引力，对辛勤劳动、诚实劳动、创造性劳动的一线岗位人才缺少吸引力，因此无法营造劳动光荣的社会风尚和精益求精的敬业风气。

（3）缺乏完善的薪酬体系。薪酬体系能够影响人才的个人业绩和报酬，合理的薪酬体系会激发人才的工作热情和积极性，使人才根据各自的付出获得应得的回报，提高人才对工作的满意度，从而有效避免智能制造企业中的大锅饭现象。

（4）缺乏系统化、多层次的激励机制。在激励手段的系统化以及运用方法方面，只注重以工资和奖金为主的奖励模式，缺少精神方面的激励。实际上，物质奖励和精神奖励同等重要，在制定激励机制时，应将物质奖励和精神奖励有机结合，使人才的物质需求和精神需求都要得到充分的满足，这样才能最大限度地激发员工的工作积极性。

（5）目前智能制造业中的激励政策存在不平衡现象。在收益分配方面，缺乏公平合理性，未遵循多劳多得、少劳少得的原则，从而使得部分人才不能得到公平的待遇，所付出的代价与收益不成正比，从而极大地影响了人才的工作积极性，容易造成人才流失。

（6）缺乏完善的人才培训机制，缺乏核心人才在职业生涯上的规划机制。由于人才培训费用高，回报周期长，目前的智能制造企业往往容易忽略人才的培训机制，这不仅会导致人才在企业文化内涵和企业目标的认识与理解方面不足，还会导致人才的归属感、向心力和凝聚力缺失。

2．生态缺失

我国是智能制造大国，构建开放的智能制造生态系统对于我国的智能制造产业的发展具有重要的意义。然而，我国目前的智能制造产业还面临着生态缺失这一严重问题，主要体现在以下 5 个方面。

（1）许多企业本身缺乏自我需求认知。构建智能的开放生态系统对于一般的企业来说并非易事；因为传统的制造业相对较为封闭，需要在技术、业务、管理等多个层面弥补缺失，才能实现开放的智能制造生态。拥有较深厚自动化和信息化根基的企业在拥抱智能制造时步伐更快一些；而一些中低端消费品的生产者诉求并不高，加上难以承受技术改造带来的巨大成本压力，因此对于智能制造并不十分积极。这类企业主要面临两大冲击：一是利润下降的冲击，二是人力成本上升的冲击，在双重压力作用下，这些企业并没有足够的资金进行技术更新。它们往往存在一定的"智能"忧虑症，一方面有意向使用先进智能工具来改造企业，另一方面又无法下决心投入巨大的改革成本，导致在面临智能制造相关的决策时十分矛盾。此外，还有大量企业拥有推进智能制造的条件，也知道推进智能制造的迫切性，但是自身的需求并不明确，更谈不上智能制造落地自身企业路径的看法，处于"想用又不知道如何入手"的状态[①]。

（2）标准缺失、配套不完善、产业规模小、企业实力弱、创新能力弱等都是发展智能制造生态中面临的难题，而这些难题仅凭企业自身努力是无法完全破解的，这就需要依靠各级政府以及各个行业组织提供合理的战略规划、产业引导以及精准扶持等。智能制造的发展需要形成产业链联动发展模式，但各级政府以及各个行业等推动智能制造发展的战略构思，在产业链的某些环节中仍存在制约瓶颈，体现在拥有自主知识产权的高端智能领域严重滞后、智能制造业的研发设计集成能力严重缺失、智能制造业的软件设计制造能力相当薄弱等问题上。智能制造产业链中存在薄弱环节，使得打造智能制造全生态链面临巨大挑战。

（3）智能制造生态体系建设不够完善。在推进智能制造 App 开发和应用、鼓励和支持创建特色智能制造基地建设、加强"网、云、端"智能制造基础建设、智能制造示范项目等方面，国家和政府的支持力度还有待增加。在智能制造人才引进、培养制度和人才政策扶持方面，对智能制造领域各类人才的政策支持还不够，对人才的引入和培养制度还需要进一步完善。在智能制造人才

---

① http://m.sohu.com/a/134787067_468726

基地建设方面，需要加快智能制造领域人才基地建设，为人才基地建设提供充足的资金支持和政策扶持，从而为智能制造学科体系、人才培养体系建设、教学理念和模式、专业设置等方面的进一步完善提供重要支持。

（4）智能制造企业的直接融资比例和信贷投放力度亟须增加。目前，智能制造企业融资困难，需要加强和引导各类基金对智能制造企业的投资，为智能制造相关企业提供方便快捷的融资服务。对于有上市潜力，或已成功上市的企业给予政策奖励，并提供各种优惠政策，从而帮助这些企业更快地实现转型升级。此外，智能制造企业需要引进先进的智能制造技术和人才，研发和购买最先进的智能制造设备，并力求实现机器换人的重要转变与突破，因此大多数智能制造企业，尤其是智能制造中小企业，面临着严重的资金周转困难，亟须从国家层面布局智能制造扶持方案，加大金融机构对智能制造企业各类项目的资金支持力度，缓解智能制造企业的资金困难，加快企业迈向智能制造的步伐。

（5）智能制造产业联盟作用有待提高。智能制造产业联盟的作用是沟通政府与企业，整合国内外智能制造行业的相关资源，促进国内外智能制造技术方面业界专家与学者之间的交流与合作，提出并优化智能制造行业相关整体解决方案，因此在智能制造领域具有重要的地位和作用。然而，目前国家和政府对智能制造产业联盟的资助和支持力度还不够，使得智能制造联盟在开展智能制造政策宣讲、产需对接、技术交流、业务培训等方面还无法发挥最大的作用。

2.3 区块链助力智能制造

区块链技术起源于 2008 年，是随着比特币等数字加密货币的快速发展而逐渐兴起的新一代信息技术 [9-11]。目前，区块链技术处于早期发展阶段，尚未形成行业公认的定义。近些年来，随着比特币等数字货币的快速发展与普及，区块链技术已经逐步渗透到了各个行业中，并且在一些领域中开展并实现了诸多探索性的落地应用 [12-15]。

区块链是一种全新的记账模式,有时也被称为分布式账本技术（distributed ledger technology，DLT），是采用去中心化的点对点的通信模式、网络节点之间直接通信、无需第三方中介的一种数据库技术。如图 2-3 所示，其基本思想是在网络中建立一个公共账本，这个公共账本是由多个数据区块组成的链条，每个数据区块存储了特定时间内的网络交易信息。区块链由网络上的节点用户共同维护，通过节点用户对区块中的交易信息进行验证和打包，来保证交易数据的真实性。从本质上来讲，区块链可视为一个去中心化的分布式数据库，它允许用户在没有第三方的情况下完成点对点交易。由于区块链技术采用了加密算法、共识算法等技术，具有去中心化、可追溯性、不可篡改等特点[16-18]。

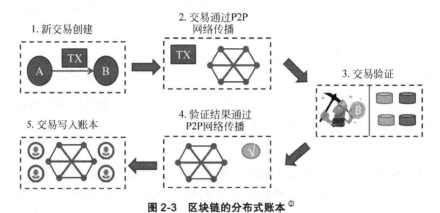

图 2-3 区块链的分布式账本 ①

作为一种随着比特币等数字加密货币的日益普及而逐渐兴起的全新的去中心化基础架构与分布式计算范式，区块链技术的去中心化、时序数据、集体维护、可编程和安全可信等特点，有助于解决智能制造目前面临的数据安全、信任缺失、数据公开共享困难和激励与生态缺失等问题[19-20]。

本节将简要介绍区块链技术在助力智能制造方面可能发挥的重要作用。

2.3.1 数据安全

区块链技术有助于保障智能制造系统的数据安全。智能制造是一种由智能机器和人类专家共同组成的人机一体化智能系统，通过人与智能机器的协调合作，扩大、延伸和部分地取代人类专家在制造过程中的脑力劳动。在这个过程中，人与机器的合作与交互一般是基于一系列传感器和控制器采集和获取的数据得以实现的，因而数据安全十分重要。区块链的出现恰好为这个问题的解决提供了一个十分可靠的方案。区块链具有去中心化、开放透明、不可篡改、可追溯等特点，其采用带有时间戳的链式区块结构存储数据，从而为数据增加了时间维度，具有极强的可验证性和可追溯性。区块链系统中

---

① http://info.ec.hc360.com/2018/01/221351924595.shtml

的每个数据区块都包含一个时间戳和一个与前一区块的链接，一旦某个数据在某个区块中被记录下来，那么它将不可篡改、不可撤销，这种设计使得数据安全得到充分保障 [21-23]。

区块链技术能够将制造企业中的传感器、控制模块和系统、通信网络、ERP 系统等系统连接起来，并通过统一的账本基础设施，让企业、设备厂商和安全生产监管部门能够长期、持续地监督生产制造的各个环节，保障数据获取和采集的安全性和准确性，提高生产制造的安全性和可靠性。同时，区块链账本记录的可追溯性和不可篡改性也有利于企业审计工作的开展，便于发现问题、追踪问题、解决问题、优化系统，极大提高生产制造过程的智能化管理水平。

2.3.2　信任缺失

区块链技术被称为"信任机器"，因而有助于弥补智能制造的信任缺失问题。区块链数据的验证、记账、存储、维护和传输等过程均是基于分布式系统结构，采用纯数学方法而不是中心机构来建立分布式节点间的信任关系，从而形成去中心化的可信任的分布式系统。另外，区块链系统采用特定的经济激励机制来保证分布式系统中所有节点均可参与数据区块的验证过程（如比特币的"挖矿"过程），并通过共识算法来选择特定的节点将新区块添加到区块链中。去中心化系统设计以及集体维护的特点使得区块链成为名副其实的信任机器，达成了无需传统中介方的信任，实现了价值的自由流通 [24-27]。从本质上讲，区块链并没有消除信任，而是减少了系统中每个单个参与者所需要的信任量，加之激励机制的设计以保证每个参与者之间按照系统协议来合作，从而实现把信任分配给每个参与者。区块链的可信特点可用于解决智能制造产业链各个环节面临的信任缺失问题。

在智能制造流程中，运用区块链技术，任何产品或构件所经历的设计、采购、生产、流通等任何一个环节及某个环节所涉及的成本、质量、规格等各项信息都可以自证其信，这就使得信息随着产品真实而有效地流通。生产商、供应商、销售商、消费者等各个智能制造主体都共享相同的信息，不存在信息不对称的问题，信息是公开透明的，且具有极高的可信度。在这种情况下，区块链应用于智能制造过程中，其可信的特点将使得诸多基于不信任产生的各项工作可望被免除，例如供应商背景调查、产品质量入货检测等。同时，分布式信任机制还使得一些中介性质的传统第三方平台所承担的中间环节可以被免去，进一步降低了智能制造的实施成本。因此，区块链的去中心化信任特点将解决智能制造的信任缺失问题，帮助各类智能制造主体节约成本、提高效率，从而有助于智能制造的实施。

2.3.3　数据公开共享

智能制造的决策过程通常需要海量的数据，包括企业内部数据、企业外部数据（例如互联网上相关的开源数据）、整个供应链上的交易数据、整个行业和市场的相关数据以及相关历史数据和实时数据等。可以说，数据是辅助智能制造中各种决策的重要依据，数据的缺失和不足可能会导致决策困难或错误。然而，由于企业数据的隐私性、企业之间的竞争性以及市场的动态性和复杂性，制造企业难以获得所有数据。例如，下游供应商很难拿到客户的真实销售数据，从而无法正确判断市场需求。因此，如何寻求一种既能保护数据提供方隐私、又能满足数据共享需求的解决方案，是目前智能制造领域面临的重要难题。区块链技术的出现为解决这一难题提供了一套高效可行的解决方案。

区块链数据对于区块链上的各个节点具有公开性和透明性，因此可以实现智能制造领域中各个节点的数据共享。同时，区块链技术利用非对称数字加密技术对数据进行加密，各节点必须得到授权，即对应数据区块的私钥，才能访问该数据，因此，数据在共享的同时也得到了保护。因此，通过区块链技术，智能制造供应链中的上下游企业之间可以实现数据共享，并通过区块链的加密技术对敏感、涉密信息进行加密，从而打破智能制造生态系统中各环节之间的数据孤岛，真正实现数据公开共享。

2.3.4　激励与生态

区块链技术广泛采用的代币（Token，也可译为通证）等激励机制可以为智能制造系统中目前面临的激励与生态缺失问题提供潜在的解决方案。

首先，在激励方面，区块链的代币激励机制可以应用于智能制造系统，通过发放代币的形式对智能制造系统中各参与方设置一定的激励机制，可以有效激发智能制造系统中各参与方的积极性。智能制造生态系统中环节众多，每个环节的正常运行对于整个系统来说都至关重要，通过正向激励机制和负向激励（惩罚）措施的设置，可以有效保障整个生态系统的健康运转，提高生态系统的运行效率。

其次，在生态方面，区块链技术可以将原来以厂商为中心的制造模式推进到以用户为中心的制造模式，在这种制造模式下，一切以信息为导向，以用户的需求数据为驱动，这就有利于打通生产方与需求方之间的壁垒，实现双方的信任，并使资源得到最优化配置，从而实现智能制造生态系统中各个环节的开放与共享，使各方以低成本获取高收益，从而形成一个良性可持续发展的智能制造生态系统。

参考文献

[1] 中国社科院工经所课题组，方晓霞，杨丹辉，李晓华. 以智能制造驱动中国制造转型升级 [J]. 现代国企研究，2017，(23)：46-50.

[2] 王岩，朱祎兰，赵鹏，等. "智能 +" 赋能制造业转型升级的路径及挑战 [J]. 信息通信技术与政策，2019，(6)：64-66.

[3] 刘宇. 无人系统与智能制造迎来了新机遇 [J]. 宁波经济（财经视点），2018，(11)：13.

[4] 赵新平，黄春元，赵凯悦. 德国"工业 4.0"、信息化红利及中国制造业的机遇 [J]. 全球化，2015，(10)：74-88，40.

[5] 龚勤，严晨安，沈悦林. 杭州迎接工业 4.0 的机遇和挑战的思考 [J]. 科技通报，2016，32(3)：230-234，239.

[6] 高谦，周恢. 北京智能制造产业的机遇、挑战与建议 [J]. 现代制造工程，2019，(3)：136-141.

[7] 徐宗本. 智能制造的大数据机遇与挑战 [N]. 中国信息化周报，2017-06-26(007).

[8] WANG F Y. The Emergence of Intelligent Enterprises: From CPS to CPSS[J]. IEEE Intelligent Systems, 2010, 25(4): 85-88.

[9] 袁勇，王飞跃. 区块链技术发展现状与展望 [J]. 自动化学报，2016，42(4)：481-494.

[10] 沈鑫，裴庆祺，刘雪峰. 区块链技术综述 [J]. 网络与信息安全学报，2016，2(11)：11-20.

[11] 林小驰，胡叶倩雯. 关于区块链技术的研究综述 [J]. 金融市场研究，2016，(2)：97-109.

[12] 骆慧勇. 区块链技术原理与应用价值 [J]. 金融纵横，2016，(7)：33-37，76.

[13] 袁勇，王飞跃. 平行区块链：概念、方法与内涵解析 [J]. 自动化学报，2017，43(10)：1703-1712.

[14] 袁勇，周涛，周傲英，等. 区块链技术：从数据智能到知识自动化 [J]. 自动化学报，2017，43(9)：1485-1490.

[15] 马昂，潘晓，吴雷，等. 区块链技术基础及应用研究综述 [J]. 信息安全研究，2017，3(11)：968-980.

[16] 欧阳丽炜，王帅，袁勇，等. 智能合约：架构及进展 [J]. 自动化学报，2019，45(3)：445-457.

[17] 袁勇，倪晓春，曾帅，等 . 区块链共识算法的发展现状与展望 [J]. 自动化学报，2018，44(11)：2011-2022.

[18] 韩璇，刘亚敏 . 区块链技术中的共识机制研究 [J]. 信息网络安全，2017，(9)：147-152.

[19] 孙柏林 . 装备制造业发展的新动向：区块链 + 制造业 [J]. 自动化技术与应用，2018，37(7)：1-7.

[20] 海川 . 区块链助推智能制造 [J]. 新经济导刊，2017，(8)：25-30.

[21] 朱岩，甘国华，邓迪，等 . 区块链关键技术中的安全性研究 [J]. 信息安全研究，2016，2(12)：1090-1097.

[22] 刘敖迪，杜学绘，王娜，等 . 区块链技术及其在信息安全领域的研究进展 [J]. 软件学报，2018，29(7)：2092-2115.

[23] 韩璇，袁勇，王飞跃 . 区块链安全问题：研究现状与展望 [J]. 自动化学报，2019，45(1)：206-225.

[24] 王皓，宋祥福，柯俊明，等 . 数字货币中的区块链及其隐私保护机制 [J]. 信息网络安全，2017，(7)：32-39.

[25] 钱卫宁，邵奇峰，朱燕超，等 . 区块链与可信数据管理：问题与方法 [J]. 软件学报，2018，29(1)：150-159.

[26] 冯珊珊 . 区块链：信任背书大数据时代的可能性 [J]. 首席财务官，2016，(6)：14-17.

[27] 巫岱玥，李强，余祥，等 . 基于区块链的对等网络信任模型 [J]. 计算机科学，2019，046(012)：138-147.

区块链相关
技术与方法

3.1 区块链概述

区块链是以比特币为代表的数字加密货币体系的核心支撑技术。随着比特币近年来的快速发展与普及，区块链技术的研究与应用也呈现出爆发式增长态势，目前已经引起政府部门、金融机构、科技企业和资本市场的高度重视与广泛关注，被认为是最有可能触发下一次产业革命的颠覆式创新技术之一。2016年12月，国务院将区块链技术写入"十三五"规划，认定其为"需重点加强的战略性前沿技术"；2017年8月，国务院再次签发指导意见，强调"鼓励开展基于区块链、人工智能等新技术的试点应用"；2018年5月，习近平总书记在两院院士大会上指出"以人工智能、量子信息、区块链等为代表的新一代信息技术加速突破应用"。2019年10月，中共中央政治局第十八次集体学习聚焦于区块链技术，强调要将区块链作为"核心技术自主创新的重要突破口"，争取在新兴区块链领域"走在理论最前沿、占据创新制高点、取得产业新优势"。国际如IBM、摩根大通、微软，国内如百度、腾讯、阿里巴巴、京东等领军企业也都相继布局区块链技术。显然，区块链已经站在新一代信息技术的最前沿。

本节将阐述区块链技术的概念与定义、发展历史与现状以及与区块链技术密切相关的加密数字货币生态系统。

3.1.1 区块链的概念与定义

区块链技术起源于2008年由化名为"中本聪"（Satoshi Nakamoto）的学者在一个密码学邮件组里发表的奠基性论文《比特币：一种点对点电子现金系统》[1]。区块链的技术本质可以视为一个去中心化记账的分布式数据库。简单地从数据结构来看，它是基于密码学方法生成的一串首尾相连的数据块，每一个数据块通过包含上一个数据块的哈希值，从而链接到上一个数据块。

区块链技术的核心优势是去中心化（decentralization，更准确的说法是全中心化），能够通过运用数据加密、时间戳、特别是分布式共识算法和经济激励等手段，在节点无需互相信任的分布式系统中实现基于去中心化信任的点对点交易、协调与协作，从而为解决包括制造业在内的传统中心化产业和组织中普遍存在的高成本、低效率和数据存储不安全等问题提供解决方案。除此之外，区块链还具有时序数据、集体维护、可编程和安全可信等特点，因而特别适合构建分布式、去信任的点对点价值交换系统[2]。据加密货币市值统计网站 www.coinmarketcap.com 显示，截至 2020 年 1 月底，全球共有区块链技术驱动的数字加密货币 5089 种，总市值达到 2593 亿美元，其中按市值排名前十位的数字加密货币信息如图 3-1 所示[①]。由此可见，在没有政府和中央银行信用背书的情况下，区块链驱动的加密货币市场已经依靠技术和算法创造出与中等发达国家体量相当的全球性经济体。显然，区块链将是未来数字经济的重要基础性技术。

#	Name	Market Cap	Price	Volume (24h)	Circulating Supply
1	⊙ Bitcoin	$170,397,881,177	$9,364.94	$27,948,132,544	18,195,300 BTC
2	♦ Ethereum	$20,439,633,060	$186.61	$12,500,849,708	109,529,751 ETH
3	✕ XRP	$10,545,717,918	$0.241401	$1,588,931,339	43,685,558,183 XRP *
4	[◎] Bitcoin Cash	$6,934,317,862	$379.84	$3,203,674,681	18,256,088 BCH
5	◉ Bitcoin SV	$5,126,963,227	$280.87	$2,062,052,421	18,253,715 BSV
6	⍦ Tether	$4,635,406,130	$0.998500	$36,738,796,860	4,642,367,414 USDT *
7	Ⓛ Litecoin	$4,530,012,214	$70.79	$5,917,462,738	63,989,785 LTC
8	◊ EOS	$3,983,067,659	$4.19	$2,877,021,698	951,269,307 EOS *
9	◈ Binance Coin	$2,835,406,674	$18.23	$245,084,011	155,536,713 BNB *
10	◈ Cardano	$1,500,238,496	$0.057864	$157,094,998	25,927,070,538 ADA

图 3-1　全球市值排名前十位的数字加密货币一览

---

① https://coinmarketcap.com/

虽然区块链技术自 2016 年以来在国内外受到了非常广泛的关注，但到目前为止尚没有国际公认的定义。美国学者梅兰妮·斯万（Melanie Swan）在其《区块链：新经济蓝图及导读》一书中给出了区块链的初步定义：区块链技术是一种公开透明的、去中心化的数据库[3]。这个定义强调了区块链公开透明和去中心化两个特点，但比较笼统。2016 年，中国科学院自动化研究所袁勇和王飞跃在发表于《自动化学报》的"区块链技术发展现状与展望"一文中首次给出了区块链的狭义和广义定义：狭义来讲，区块链是一种按照时间顺序将数据区块以链条的方式组合成特定数据结构，并以密码学方式保证的不可篡改和不可伪造的去中心化共享总账（decentralized shared ledger，DSL），能够安全存储简单的、有先后关系的、能在系统内验证的数据。广义的区块链技术则是利用加密链式区块结构来验证与存储数据、利用分布式节点共识算法来生成和更新数据、利用自动化脚本代码（智能合约）来编程和操作数据的一种全新的去中心化基础架构与分布式计算范式[2]。

3.1.2 区块链与加密货币生态

区块链最早应用在以比特币为代表的数字货币中，被认为是区块链 1.0 阶段。2009 年 1 月 3 日，比特币系统正式上线运行并生成了比特币底层区块链的第一个区块，称为创世区块（genesis block）。在比特币的设计中，中本聪摒弃了集中式数据库的理念，转而寻求一种没有可信任媒介、没有单点故障风险的分布式、去中心化的系统。

区块链技术为比特币系统解决了数字加密货币领域长期以来所必须面对的两个重要问题，即双重支付问题和拜占庭将军问题。双重支付问题又称为"双花"问题，即利用货币的数字特性两次或多次使用"同一笔钱"完成支付。传统金融和货币体系中，现金（法币）因是物理实体，能够自然地避免双重支付；其他数字形式的货币则需要可信的第三方中心机构（如银行）来保证。区块链技术的贡献是在没有第三方机构的情况下，通过分布式节点的验证和共识机制解决了去中心化系统的双重支付问题，在信息传输的同时完成了价值转移。拜占庭将军问题是分布式系统交互过程普遍面临的难题，即在缺少可信任的中央节点的情况下，分布式节点如何达成共识和建立互信。区块链通过数字加密技术和分布式共识算法，实现了在无需信任单个节点的情况下构建一个去中心化的可信任系统。与传统中心机构（如中央银行）的信用背书机制不同的是，区块链形成的是软件定义的信用，这标志着中心化的国家信用向去中心化的算法信用的根本性变革[2]。

比特币是最早的区块链技术赋能的数字加密货币，也是区块链技术应用最成功的典型场景之一，被人们称为数字黄金。根据 CoinMarketCap 网站数据 [①]，截至 2020 年 1 月底，比特币现行价格超过 9300 美元，市值占到了数字加密货币总市值的大约 2/3（65%）；该网站跟踪的 5089 个数字加密货币的 24 小时交易量为 1167 亿美元。然而，加密货币的汇率具有相当的波动性。据统计，2011 年 1 月 1 日—2018 年 1 月 18 日，比特币的平均年化收益率为349%，平均年化波动率为 176%。根据美国 Convoy Investments 的研究，以价格上涨的速度和幅度来衡量，比特币可能是历史上最大的资产泡沫之一，已经超过了 1718—1720 年的密西西比泡沫和 1719—1721 年的南海泡沫。以比特币为代表的数字加密货币应该是第一次全球范围的资产泡沫，而且在加密数字货币市场可以观察到行为金融研究的很多个体和群体非理性行为 [②]。有很多迹象表明，因为比特币价格的上涨趋势，投机者大量买进和囤积比特币。比特币总数有着 2100 万的上限，这个稀缺性因素进一步增加了比特币的波动性。

比特币价格的波动率太高，不太适合作为交易媒介，也不太适合发展以比特币标价的跨期金融交易。因此，价格稳定是比特币成为有效交易媒介的一个必要条件。这方面的一个试验方向是比特币期货。2017 年 12 月 10 日、18 日，芝加哥期权交易所（CBOE）和芝加哥商品交易所（CME）分别推出比特币期货。除了提供价格发现和风险管理功能以外，比特币期货方便机构投资者参与比特币市场，这也是 2017 年 10—12 月中旬之间比特币价格大幅上涨的一个重要推动力量。另外，基于比特币期货很容易开发出比特币 ETF，这样就能方便一般投资者经由主流证券交易所，而非数字加密货币交易所或钱包来参与比特币市场。从实际数据看，CBOE 和 CME 的比特币期货起到了一定的价格发现和风险管理功能，但比特币价格的波动率也没有明显降低。实际上，从大宗商品期货和金融期货市场的普遍情况看，期货交易不一定能降低标的资产的波动率 [③]。

另一个有效控制数字加密货币价格波动性的方向是稳定币，其价格稳定机制一般来说有三类。第一类是法定资产抵押型稳定币，以 Tether 为代表，按 100% 的准备金、对美元汇率 1 : 1 发行一种代币泰达币（USDT）。这相当

---

① https://coinmarketcap.com/

② https://www.jianshu.com/p/5907b06a4bd0?utm_campaign=maleskine

③ http://www.sohu.com/a/219643474_313170

于采取了货币局（currency board）制度。根据 CoinMarketCap 网站数据，截至 2020 年 1 月底，USDT 市值为 46.4 亿美元。然而，Tether 是否有足额准备金，投资者不得而知。如果投资者意识到 Tether 这样的稳定代币可能没有足额的准备金，将有可能很快发生挤兑（实际上，Bloomberg 网站 2017 年 12 月 5 日的一篇文章就质疑了 Tether 准备金的充足性以及它与 Bitfinex 交易所的关系）。2019 年由 Facebook 发行的、锚定一篮子货币的稳定币 Libra（天秤币）也是这类稳定币的典型代表。第二类是加密货币抵押型稳定币，以 MakerDAO 及其代币 Dai 为典型代表，这种稳定币通过锚定其他加密货币并进行超额抵押来维持币值稳定，同时利用写入智能合约的算法，自动化地进行风险管理，在抵押资产价格低于某一阈值时自动清算，确保流通中的稳定币始终有超额抵押品做背书，从而维持对于法定货币的汇率锚定。第三类是无抵押的算法式稳定币，这种稳定币没有明确的潜在抵押品，通过去中心化的算法设计来主动调整供求关系、自动增发或者回收稳定币，以实现市场供求平衡和币值稳定，其典型代表是 BASIS 等。这类稳定币遵循完全去中心化的、算法自动化的设计思路，具有非常好的理论价值；然而，实际运作过程中，BASIS 稳定币由于监管问题于 2018 年暂停运营，使得这种稳定币的发展前景尚存变数。

相对于传统货币来说，比特币等数字加密货币不存在中央银行的背书，货币价值与市场紧密相关，没有中央政府和银行监控数字货币和保持币值的稳定。同时，作为底层技术，区块链在保证安全性的同时，也兼顾了市场匿名性的需求，使得数字加密货币在跨国资金流动中的占比逐渐上升。这种匿名性给中央银行带来了资金监管的困扰，使得数字加密货币易被用于贩毒、走私、洗钱等非法活动，冲击传统银行业。2013 年 12 月 5 日，中国人民银行联合工信部、银监会、证监会和保监会印发了《关于防范比特币风险的通知》，要求金融机构和支付机构不得开展比特币相关业务，比特币的发展在中国国内受到一定程度的影响；2016 年 1 月 20 日，中国人民银行数字货币研讨会在北京召开，会议主旨是进一步明确央行发行数字货币的战略目标，做好关键技术攻关，研究数字货币的多场景应用，争取早日推出央行发行的数字货币，同时也指出，在技术手段上，中央银行数字货币不一定采取区块链；2017 年 9 月，中国人民银行开始对数字加密货币实施监管，禁止了首次代币发行（initial coin offering，ICO）的投机行为；中国国内三大比特币交易平台——比特币中国、火币网、币行网于 2017 年 10 月底全面停止所有数字资产兑换人民币业务，各交易平台也逐渐将业务重心转移到区块链技术应用和研发上，区块链开始在真正意义上由 1.0 时代逐步走向更为高级、智能的 2.0 时代。

3.1.3　区块链发展历史与大事记

按照目前区块链技术的发展脉络，一般认为区块链技术将会经历以可编程数字加密货币体系为主要特征的区块链1.0阶段、以可编程金融系统为主要特征的区块链2.0阶段和以可编程社会为主要特征的区块链3.0阶段。

1. 区块链1.0阶段：2008—2014年

2008年11月1日，中本聪发表了一篇名为 *Bitcoin: A Peer-to-Peer Electronic Cash System*（比特币：一种点对点的电子现金系统）的论文[1]。2009年1月3日，第一个比特币"创世区块"诞生，中本聪在位于芬兰赫尔辛基的一个小型服务器上成功挖出创世区块的第一批50个比特币。自此，比特币作为一种新的经济现象和可能的货币形态正式进入人们视线，作为比特币底层技术的区块链技术1.0时代也正式开启，并引领了一波时代热潮。

这一阶段的重大事件包括：

（1）2010年2月6日，第一个比特币交易所Bitcoin Market创立。与早期出现的所有平台一样，交易所并不稳定，随着比特币的不断发展，欺诈性交易的数量也逐渐增长，使得交易所最终关闭。

（2）2010年7月17日，比特币交易平台Mt.GOX成立，比特币正式流入市场。发展至2014年，Mt.GOX处理全球比特币交易的70%。

（3）2011年2月9日，比特币首次与美元等价，每个比特币价格达到1美元。比特币的新用户激增。在之后的两个月内，比特币与英镑、巴西币、波兰币的互兑交易平台先后开启。

（4）2011年8月20日，第一次比特币会议和世博会在纽约召开。在谷歌趋势（Google Trends）中，比特币的关注度创新高。当时每个比特币的价格为11美元。

（5）2012年，瑞波币（Ripple）协议系统发布，在比特币去中心化的思想基础上，创造了去中心化的支付和清算系统，利用区块链进行跨国转账，试图挑战国际银行间支付清算的SWIFT系统的地位。

（6）2012年12月6日，世界上首家被官方认可的比特币交易所——法国比特币中央交易所诞生，这是首家在欧盟法律框架下进行运作的比特币交易所，此时比特币价格为每个13.69美元。

（7）2013年7月30日，泰国开全球先河,封杀比特币,泰国央行禁止购买、出售比特币以及任何附带比特币交易的商品和服务，禁止接受或向泰国境外人士移交比特币。

（8）2013 年 8 月 19 日，德国正式成为全球首个认可比特币的国家。德国政府正式承认了比特币的合法货币地位。该货币拥有者将可以使用比特币缴纳税金或者用作其他用途。

（9）2013 年 10 月，在加拿大启用了世界首台比特币自动提款机，通过提款机可办理加拿大元与比特币的兑换。

（10）2013 年 11 月 29 日，每个比特币价格达到 1242 美元，创下历史新高，而当天的黄金价格是每盎司 1240 美元。

（11）2013 年 12 月 5 日，中国人民银行等五部委印发了《中国人民银行、工业和信息化部、中国银行业监督管理委员会、中国证券监督管理委员会、中国保险监督管理委员会关于防范比特币风险的通知》。在此通知中，央行明确了比特币为"网络虚拟商品"，而不是货币。同时规定，金融机构与支付机构不得开展与比特币相关的业务。

（12）2014 年 2 月 25 日，因为网站安全漏洞，总部设在日本东京、全球最大的比特币平台 Mt.GOX，关闭了网站并停止了交易。

2. 区块链 2.0 阶段：2014—2017 年

2014 年，以太坊（Ethereum）在白皮书中宣称要打造一个去中心化平台来运行智能合约。这种基于金融领域的对智能合约的运用标志着区块链 2.0 时代的到来，其核心理念是利用区块链的可编程性建设分布式信用基础设施，以此支撑智能合约。2015 年 8 月，以太坊平台发布了一个新版本，并宣布可以实现任意基于区块链的应用。在这个时期，区块链技术超脱数字货币范畴被广泛应用于金融领域的方方面面。可以说，区块链 2.0 时代从更宏观的角度对金融市场进行了去中心化尝试。以太坊、智能合约等相关技术使区块链的应用从货币体系发展到了股权、债券登记，转让各种执行手段和防伪应用，大大地扩展了区块链技术的应用。

这一阶段的重大事件包括：

（1）2016 年 1 月 20 日，中国人民银行召开数字货币研讨会。本次会议被认为是我国对于区块链及数字货币价值的认可。消息一经发布，比特币应声上涨。24 小时内，比特币价格涨幅近 10%。2016 年 1 月，以太坊总市值仅有 7000 万美元，在短短 2 个月之后，以太坊市值最高上涨到 11.5 亿美元，涨幅达 1600%。

（2）2016 年 4 月 30 日，"The DAO"项目开启众筹，在短短 28 天时间里，累计筹集了超过价值 1.5 亿美元的以太币，成为当时历史上最大的众筹项目。

6月18日，黑客盗取了360万枚以太币，价值超过5000万美元。为了挽回损失，2016年7月20日，在区块链世界里第二大市值的货币——以太坊完成硬分叉。

（3）2016年10月29日，首个使用"零知识证明"技术开发的匿名密码学货币——Zcash发布了创世块。一枚Zcash的单价最高达到3000比特币。

（4）2017年2月，中国人民银行旗下的数字货币研究所正式挂牌成立。

（5）2017年8月1日，由于关于是否采用大区块产生争议，最终促使比特币系统完成硬分叉，出现新的电子加密货币——比特币现金（bitcoin cash）。

（6）2017年9月4日，多部委联合发布《关于防范代币发行融资风险的公告》，启动了对ICO活动的整顿，叫停ICO。10月底，比特币中国、火币网、OKcoin等数字货币交易平台相继宣布停止人民币交易，转战海外。

（7）2017年11月28日，基于以太坊的养猫游戏CryptoKitties问世，并且在不到一周的时间里风靡全世界，导致以太坊底层区块链系统的严重堵塞，区块链扩容再次引起人们的高度关注。

（8）2017年12月22日，比特币从年初每个6949.07元人民币飙升到了100016.25元人民币，最高时更是达130581.23元。在不到一年的时间里，从不到1万元上涨至突破10万元。

（9）2017年12月18日，全球最大的期货交易所——芝加哥商品交易所（CME）推出了自己的比特币期货合约，并以"BTC"为代码进行交易。

3. 区块链 3.0 阶段：2018 年至今

2015年12月，Linux基金会牵头，联合30家初始企业成员共同宣告成立超级账本项目，想要建立一个区块链技术的规范和标准，从而让更多的应用能够利用区块链技术建立起来。2016年12月，中国技术工作组正式成立。这种将区块链技术推向"社会应用"的行为标志着区块链技术进入3.0时代。目前，区块链3.0的具体内涵尚存在争论，区块链1.0至3.0的阶段划分也并不是严格按照时间顺序。实际上，这三种模式是平行而非演进式发展的，区块链1.0模式的数字加密货币体系仍然远未成熟，距离其全球货币一体化的愿景可能更远、更困难。

2018年以来，以可编程社会为特征的区块链3.0模式逐渐落地，这段时间的大事包括：

（1）据CoinMarketCap网站统计，2018年1月7日，区块链行业总市值创下8285亿美元的高点。2018年初，Facebook CEO马克·扎克伯格宣布探索加密技术和虚拟加密货币技术，亚马逊、谷歌、IBM 等也相继入场。国内市场方面，腾讯、京东、阿里巴巴等互联网巨头也都接连宣布涉足区块链，迅雷更是通过提前布局云计算与区块链实现了企业的转型与业务的快速增长。

（2）2018 年 1 月 12 日，中国互联网金融协会发布《关于防范变相 ICO 活动的风险提示》，称随着各地 ICO 项目逐步完成清退，一种名为"以矿机为核心发行虚拟数字资产"的模式值得警惕，存在风险隐患。

（3）2018 年 1 月 22 日，央行支付结算处下发《关于开展为非法虚拟货币交易提供支付服务自查整改工作的通知》，要求辖内各法人支付机构在本单位及分支机构开展自查整改工作。

（4）2018 年 2 月 6 日，美国国会就虚拟货币举行听证会，新技术将使美国市场以负责任的方式发展，并继续发展经济，增加繁荣。

（5）2018 年 5 月 12 日，2018 "区块链 +"百人峰会乌镇论坛暨 2018CIFC 普众（乌镇）全球区块链大赛启动仪式在乌镇成功举行。

（6）2018 年 6 月 1 日，EOS 结束了为期一年的众筹。EOS 的共识机制与超级节点引起社区对其背离去中心化原则的批判，但其性能与交易速度的优势却让 EOS 在 DApp 领域后来居上。

（7）2018 年 6 月 27 日，《区块链 + 赋能数字经济》在贵阳中国国际大数据产业博览会正式首次对外发布。

（8）2018 年 7 月，人民银行针对相关非法金融活动的新变种与新情况，会同相关部门采取了一系列针对性清理取缔措施，防范化解可能形成的金融风险与道德风险，果断打击 ICO 冒头及各类变种形态。

（9）2018 年 10 月 19 日，国家互联网信息办公室发布关于《区块链信息服务管理规定（征求意见稿）》公开征求意见的通知。

（10）2018 年 11 月 16 日，比特币现金 BCH 分叉引发算力大战，最终以比特币现金 BCH 硬分叉为 ABC 和 BSV 而告终。自此之后数字货币市场迎来又一轮暴跌，比特币价格跌破 3500 美元。

（11）2019 年 1 月，纽约证券交易所的母公司 ICE 宣布将推出加密货币交易所 Bakkt，该平台的比特币期货是实盘交割的期货产品。

（12）2019 年 1 月 5 日，Ethereum Classic（ETC）疑似发生 51% 攻击，不少区块发生回滚。之后，PeckShield 平台数据也显示，1 月 5—8 日，ETC 上至少出现了 15 次疑似双花交易，Coinbase 承担了这次攻击的大部分损失，报告称共有 219500 个 ETC 被攻击，约合 110 万美元。在这期间，攻击者的算力占据 ETC 全网 51% 以上，所有交易都真实有效。成功后，攻击者使用算力对 ETC 区块链进行了回滚，强制使得之前已经确认的转账记录变为无效。

（13）2019 年 6 月 18 日，全世界最大的社交网站 Facebook 发布 "Libra（天秤座）" 数字货币的白皮书，使命是要建立一套简单的、无国界的货币，和为数十亿人服务的金融基础设施，在国内外引发广泛讨论。

3.1.4　区块链发展现状

随着以比特币为代表的数字加密货币的迅猛发展与日益普及，其背后的支撑技术——区块链，逐步引起政府部门、科技企业、学术机构等广泛关注与高度重视。

2016 年 1 月，英国政府发布区块链专题研究报告 *Distributed Ledger Technology: Beyond Blockchain*，该报告指出区块链技术能够为多种形式的服务提供新型的信任机制，在金融和政府事务领域潜力巨大。

2018 年 2 月，在欧洲议会的支持下，欧盟委员会启动了欧盟区块链观察站和论坛，以把握区块链技术的重要发展，并且欧盟委员会一直通过研究计划 "FP7" 和 "Horizon 2020" 为区块链项目提供资金，预计到 2020 年，资助金额将达 3.4 亿欧元。

2018 年 2 月，美国众议院连续两次召开区块链听证会，探讨区块链技术的新应用。3 月，美国国会发布《2018 年联合经济报告》，首次开辟区块链特别章节，建议区块链作为打击网络犯罪和保护国家经济和基础设施的潜在工具。

2016 年以来，我国政府也通过多种形式关注与支持区块链技术的发展。2016 年 10 月，国内首个区块链官方指导文件《中国区块链技术和应用发展白皮书（2016）》由工业和信息化部发布，提出了我国区块链技术发展路线图；2016 年 12 月，国务院将区块链技术写入 "十三五" 规划，认定其为 "需重点加强的战略性前沿技术"；2017 年，国务院发布《关于进一步扩大和升级信息消费持续释放内需潜力的指导意见》，提出开展基于区块链等新技术的试点应用；2018 年 5 月，习近平总书记在两院院士大会上首次提到区块链技术，并要求加速突破区块链等新一代信息技术的应用。2019 年 10 月，习近平总书记在中央政治局第十八次集体学习时强调要 "把区块链作为核心技术自主创新的重要突破口"，"加快推动区块链技术和产业创新发展"。

在产业界，国内外各大领军企业如 IBM、微软、百度、腾讯、阿里巴巴、京东等也纷纷布局区块链。典型代表包括：致力于研究和发现区块链技术在金融业中应用的 R3 区块链联盟；专为企业设计的优秀的联盟链实现 Fabric 项目；IBM 推出的一套在云上创建、部署、运行和监控区块链应用的"区块链即服务"（BaaS 服务）；英特尔推出的用于建造、部署和运行分布式账本的实验性分布式账本平台——"锯齿湖"（Sawtooth Lake）项目；为金融机构量身定制的区块链平台 Corda；致力于将以太坊开发成企业级区块链的开源区块链研究组织——企业以太坊联盟（EEA）；Facebook 推出的为数十亿人服务的、旨在成为可靠的数字货币和金融基础设施的 Libra 稳定币等。相关产业应用百花齐放、层出不穷。

在学术界，当前针对区块链的研究大体可以分为三方面：首先是对区块链基本原理、架构模型与关键技术的研究，主要包括对区块链技术的基础架构、共识算法、激励机制、安全隐私保护等相关研究；其次是区块链在数字经济、金融和货币领域的应用研究，主要包括数字货币、稳定币、供应链金融等领域的模式研究、应用实践与前景展望；最后是区块链在其他领域的应用研究，诸如运行于区块链上的智能分布式电力能源系统，融合智能交通的车辆、固件等物理设备的特性构建的基于区块链的智能交通系统等尝试；热门研究主题方面，区块链研究的演进过程是从最初的加密安全领域（技术基础层面）转向社会经济（典型技术应用）再到工业制造及更为广泛应用（社会宏观应用），呈现逐渐从"比特币"转向"区块链"，从理论走向实践的趋势[4]。

因此，无论从国家战略还是产业发展的角度来看，区块链技术无疑都是当下热点和未来最具发展潜力的技术之一。

然而，作为近年来兴起的技术，区块链技术的真正落地还面临着一些制约和障碍，包括底层技术的挑战、潜在的安全隐患等。首先是效能低下（特别是公有链系统），主要体现在挖矿过程、交易打包和区块广播等过程的高延时性、区块大小限制下交易的低通量性，以及挖矿过程的大量算力需求所导致的高能耗性；其次是可控性差，主要体现在去中心化区块链系统中存在的多种共识算法无法自适应调度、区块链个体层面的策略性行为可能会威胁区块链系统的去中心化治理，以及智能合约因缺乏智能性而导致的区块链实际应用受限；第三是安全风险，目前区块链系统面临着多种安全攻击，严重缺乏有效的系统级安全评估手段、网络预警技术和决策支持能力以及灾后修复技术。这三个问题在深层机理层面相互制约、彼此限制，被业界统称为区块链领域的"不可能三角"问题（即难以实现"效率 – 去中心化治理 – 安全"三要素的联合优化），严重制约了区块链技术的应用拓展和实践落地，成为区块链发展亟须解决的"卡脖子"问题。

3.2 区块链的基础要素

3.2.1 基础架构模型

区块链是一种全新的去中心化基础架构与分布式计算范式，被认为是继大型机、个人计算机、互联网、移动 / 社交网络之后计算范式的第五次颠覆式创新。为了更清晰地阐述区块链技术体系的构成要素和相互作用机理，学术界和产业界从不同视角相继提出多种区块链基础架构模型。

本节将简要介绍若干有代表性的基础架构模型。

1. 区块链的"六层架构模型"

2016 年，袁勇和王飞跃在发表于《自动化学报》的学术文章"区块链技术发展现状与展望"中首次提出了区块链的"六层架构模型"，认为区块链技术体系由自下而上的数据层、网络层、共识层、激励层、合约层和应用层组成，如图 3-2 所示。其中，数据层封装了底层数据区块以及相关的数据加密和时间戳等技术，主要承担分布式存储、数据校验和安全保障等功能；网络层封装了区块链系统的组网方式、消息传播协议和数据验证机制等要素，其传播协议和数据验证机制是区块链网络层的基石，需要针对不同的实际应用场景进行特定的设计；共识层主要封装分布式网络节点的各类共识算法，如工作量证明（proof of work，PoW）、权益证明（proof of stake，PoS）、实用拜占庭容错（practical Byzantine fault tolerance，PBFT）等，共识算法可以保证 P2P 网络上互不信任的节点共同维护一份交易内容和交易顺序均相同的账本，是区块链最重要的技术组件之一；激励层将经济因素集成到区块链技术体系中，主要包括经济激励的发行机制和分配机制等；合约层主要封装各类脚本、算法和智能合约，是区块链可编程特性的基础；应用层则封装了区块链的各种应用场景和案例，按照区块链 1.0~3.0 的逻辑顺序，分别对应可编程货币、可编程金融和可编程社会三个方面 [2]。

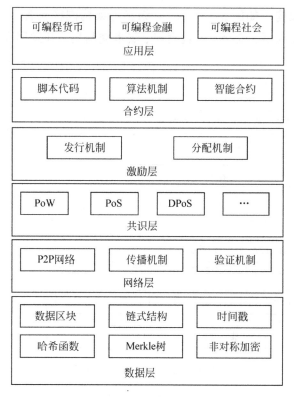

图 3-2　区块链基础架构模型

　　需要说明的是，随着区块链技术的发展和演变，特别是联盟链和私有链技术的出现，区块链系统的应用场景和去中心化程度也各不相同，因而并非所有的区块链系统都遵循图 3-2 所示的基础架构模型。例如，中心化程度较高的联盟链和完全中心化的私有链一般不需要设计激励层中的经济激励；一些区块链应用可能并不需要完全包含激励层、合约层和应用层要素，例如 Cosmos 项目的 Tendermint 在架构设计方面就将区块链抽象为三个概念层：①网络层（networking），负责在交易和数据传输和同步；②共识算法（consensus），负责不同的验证节点处理完交易后，保证状态的一致，也就是将交易打包到区块中；③应用程序（application），是交易的真正执行者。

2. ISO 区块链参考架构

　　2017 年 4 月，国际标准化组织（International Organization for Standardization，ISO）旗下的"区块链与分布式账本"技术委员会（Technical Committee on Blockchain and Distributed Ledger Technologies）在第一次工作会议上，提出

了区块链参考架构，如图 3-3 所示 [①]。该参考架构同样包含 6 个层次，自底向上分别是基础设施层、安全层、数据层、账本交易层、开发层和分布式应用层。

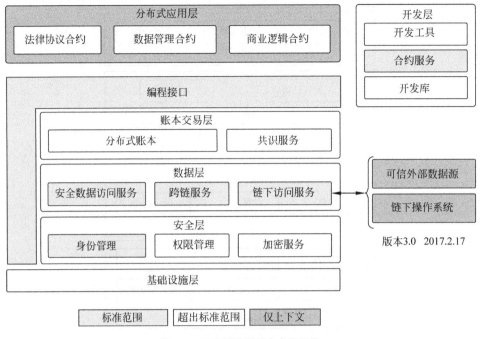

图 3-3　ISO 区块链技术参考架构

（1）基础设施层：运行区块链和分布式账本的一组服务器节点。该参考架构特别强调区块链和分布式账本不应该依赖于单个基础设施供应商，而是应该使用来自多个基础设施供应商的云环境。

（2）安全层：主要包含身份管理、权限管理和加密服务三部分。其中，身份管理即为不同角色维护他们在区块链网络中的数字身份；权限管理即访问控制，如基于合约、用户、区块链等级别的权限管理，分级的权限控制符合更高的治理要求，更好适应各个国家监管和审计的要求；加密服务则能够让用户自主选择和使用不同类型的加密算法，作为可升级的模块化组件，以应对未来量子计算机大规模流行对区块链所常用的 ECDSA 等算法造成的安全性隐患。

（3）数据层：主要包括安全数据访问服务、跨链服务和链下访问服务三部分。其中，安全数据访问服务指的是分布式应用程序可以安全地存储和查询数据的能力；跨链服务即智能合约在区块链与区块链之间数据交互的能力；链下访问服务则是指安全地访问链下数据的能力，例如使用可信数据源或交

---

① https://www.jianshu.com/p/962de03464a3

叉使用可信认证技术。

（4）账本交易层：包括分布式账本和共识服务两部分，前者是经过全部节点验证和达成共识的共享交易记录；后者则是指分布式节点达成共识的具体方式和算法，需根据应用场景让用户自主选择合适的共识算法。

（5）开发层：包括开发工具、合约服务、开发库和编程接口等。其中，开发工具是用于编写、记录、测试、部署和监控分布式应用的工具；合约服务是能够将数据管理逻辑、应用逻辑、业务规则和合同条款集成进分布式应用程序的能力；开发库是简化分布式应用程序访问分布式账本、智能合约等服务的中间代码；编程接口则是允许外部系统访问智能合约的服务、平台和数据的能力。

（6）分布式应用层：包括法律协议合约、数据管理合约和商业逻辑合约等。

3. 区块链参考架构

2017 年 5 月，由中国电子技术标准化研究院牵头，推出了中国首个区块链标准《区块链参考架构》，通过"四横四纵"的层级结构描述了区块链系统的典型功能组件，包括基础层、核心层、服务层、用户层的分层体系，以及包含开发、运营、安全、监控和审计的跨层功能，如图 3-4 所示。

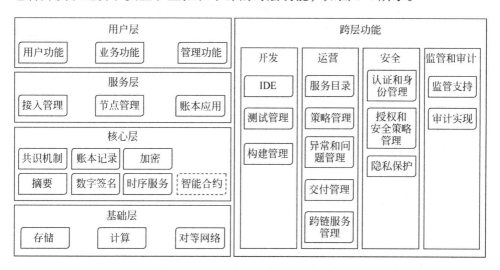

图 3-4 区块链参考架构功能组件图

综上所述，目前区块链的基础架构概念尚不统一。相对而言，学术界和产业界普遍认同的是，基于时间戳的链式区块结构、分布式节点的共识算法、基于共识算力的经济激励和灵活可编程的智能合约是区块链技术最具代表性的创新点。

3.2.2　区块链的技术要素与组件

本节将概述区块链技术体系中的若干技术要素与组件，主要包括时间戳、（非对称）加密、默克尔树、智能合约等。

1．时间戳

时间戳是指格林尼治时间自 1970 年 01 月 01 日 00 时 00 分 00 秒（北京时间 1970 年 01 月 01 日 08 时 00 分 00 秒）起至现在的总秒数。时间戳概念本身并不复杂，但是与数字签名技术相结合，时间戳便是能够表示一份数据在一个特定时间点已经存在的完整的、可验证的"证据"。斯图尔特·哈伯（Stuart Haber）与斯科特·斯托内塔（Scott Stornetta）最早于 1991 年提出该设想，设计了基于文档时间戳的数字公证服务以证明各类电子文档的创建时间。该服务对新建文档、当前时间及指向之前文档签名的引用进行签名，后续文档又对当前文档签名进行引用，如此形成一个时序的证据链。

实际区块链应用场景中，大多数终端设备都是去中心化和分布式的，节点本地时间的差异导致很难保持时间戳的同步和一致性，因而可以借鉴比特币系统的时间戳设计来保证系统整体时间的真实性、准确性和有效性。比特币的时间戳机制为：①比特币节点会与其连接上的所有其他节点进行时间校正，且要求连接的节点数量至少为 5 个，然后选择这群节点的时间中位数作为时间戳，该中位数时间（称为网络调整时间）与本地系统时间的差别不超过 70min，否则不会更改并会提醒节点更新本机的时间；②时间相差太多会被认为非法。一个区块上的时间戳被认为合法的要求是，它大于前 11 个区块的时间戳的中位数，并且小于网络调整时间 +2h。比特币的这种以节点网络调整时间来取代一个中心化的全局时钟的设计方案，能够更好地满足分布式、复杂场景下的整体系统的效率与可用性[5]。

2．加密技术

加密技术是构建区块链系统、保障区块链数据安全的重要基石。一般来说，加密技术可以分为对称加密与非对称加密两类。前者的显著特点是加密与解密使用相同的密钥，常用的对称加密技术有数据加密标准（data encryption standard，DES）、高级加密标准（advanced encryption standard，AES）等。对称加密技术的问题在于密钥的分发和传输困难，因此非对称加密技术（公钥密码学）应运而生。1976 年，美国计算机学家、图灵奖得主惠特菲尔德·迪菲（Whitfield Diffie）和马丁·赫尔曼（Martin Hellman）共同提出了一种新构思，即 "Diffie-Hellman 密钥交换算法"；随后，1978

年和 1985 年，RSA 算法和椭圆曲线密码学 ECC 相继问世，非对称加密技术快速发展起来。

非对称加密技术通常使用相互匹配的一对密钥，分别称为公钥和私钥。这对密钥具有如下特点：首先是一个公钥对应一个私钥；其次是用其中一个密钥（公钥或私钥）加密信息后，只有另一个对应的密钥才能解开；最后是公钥可向其他人公开，私钥则必须严格保密，其他人无法通过该公钥推算出相应的私钥。

非对称加密算法的一般流程如下：

（1）甲乙双方需要安全通信，甲方首先生成一对密钥（公钥与私钥），其中公钥向所有人公开，私钥则是保密的；

（2）乙方获取甲方的公钥，然后用它对信息加密，发送给甲方；

（3）甲方得到加密后的信息，用其私钥解密获得信息。

1977 年，三位数学家罗纳德·李维斯特（Ronald Rivest）、阿迪·萨默尔（Adi Shamir）和莱昂纳多·阿德尔曼（Leonard Adleman）共同设计了大名鼎鼎的 RSA 非对称加密算法，RSA 算法就是用这三个人名字的首字母加以命名的。RSA 算法是基于数论中质因数分解问题的困难性而提出的、切实可行的密码学方案，能够使得没有共享密钥的双方能够安全通信。质因数分解以及随后陆续发展出的素数域内的离散对数计算以及椭圆曲线离散对数计算，共同构成了公钥密码学加密体系三大支柱算法，即 RSA 加密算法、离散对数加密算法和椭圆曲线加密算法[5]。例如，比特币系统正是大量使用了椭圆曲线加密算法（Elliptic Curve Cryptography，ECC），该算法由尼尔·科布里茨（Neal Koblitz）和维克托·米勒（Victor S. Miller）于 1985 年分别独立提出，其安全性依赖于有限域上的椭圆曲线上的点群中的离散对数问题。

3. 默克尔树

默克尔树（Merkle Tree，也称为梅克尔树或者哈希树）是区块链的重要数据结构，其作用是快速归纳和校验区块数据的存在性和完整性。默克尔树的概念由拉尔夫·默克尔（Ralph Merkle）提出并以其姓氏来命名，是由哈希列表（Hash List）演化而来的。

哈希列表技术常见于 P2P 网络通信。P2P 网络中，文件被分割成许多小块并行下载，如何保证下载小块数据的正确性呢？一般方法是把资源文件分割后，对各块计算其哈希（Hash）值，然后把这些 Hash 值组织在一起，下载者先（从可信的节点，一般是源服务器）下载这个 Hash 组织文件，之后再从其他节点下载各小块的文件。每个小块下载完成之后，计算其 Hash 值并与组织文件的值匹配。如果匹配成功，即为正确下载。这里，把每个小块数据的 Hash 值拼接到一起，然后对这个长字符串再作一次 Hash 运算，这样构建的结构称为哈希列表，如图 3-5 所示。

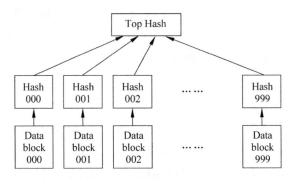

图 3-5　哈希列表示意图

当文件非常大、数据块很多时，哈希列表就会很大，此时哈希列表的弊端凸显，为此催生了默克尔树。与哈希列表相同的是，默克尔树的最底层也是分块数据的哈希值，但是默克尔树并不是直接计算分块数据汇总后的根哈希，而是把相邻的两个分块数据的哈希值合并成一个字符串，然后继续计算其哈希，以此往上类推，最终形成一棵倒挂的树，树根就是默克尔树的根哈希，称作默克尔根（Merkle Root）。

默克尔树的组织形式如图 3-6 所示。

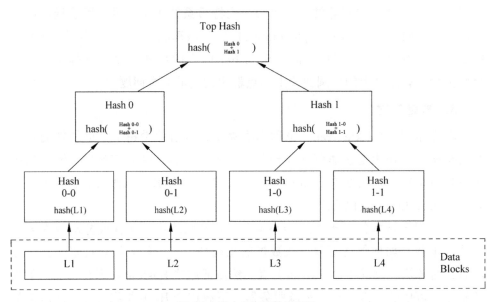

图 3-6　默克尔树结构示意图

与哈希列表相比，默克尔树的优势在于：当数据文件很大时，默克尔树可以一次下载一个分支，然后立即验证这个分支，如果分支验证通过，就可以下载数据，不需要下载全部数据后再验证。换句话说，在下载默克尔树时，只需要默克尔根是从可信机器下载即可，其他的默克尔树分支可以从不同的节点下载，分支下载后就可以下载对应的数据块。各个分支的根可以对其子树进行校验，默克尔根则可以对整个默克尔树进行检测。这样就确保了整个大文件的完整性，而各个分支又可以独立处理，大幅降低系统对网络带宽的要求。此外，在比特币系统中，只是把默克尔根存入区块头中，使得区块头只需包含根哈希值而不必封装所有底层数据，这使得哈希运算可以高效地运行在容量较小的物联网设备上，非常适合智能制造终端分散、杂多的场景。这种优点是哈希列表无法做到的[5]。

通常说来，默克尔树有三大特性[1]：

（1）任意一个叶子节点的细微变动，都会导致默克尔根发生改变，这种特性可以用来判断两个加密后的数据是否完全一样。换句话说，即数据是否经过未经授权的篡改。

（2）支持快速定位修改。例如，图 3-6 中如果 L2 中数据发生篡改，会影响到 Hash 0-1，Hash 0 和 Top Hash，当发现默克尔根（Top Hash）的哈希值发生变化，沿着 Top Hash → Hash 0 → Hash 0-1 最多通过 $O(\log n)$ 的时间复杂度即可快速定位到实际发生改变的数据块 L2。

（3）支持零知识证明，即证明者能够在不向验证者提供任何有用的信息的情况下，使验证者相信某个论断是正确的。例如，图 3-6 中如何证明某个人拥有数据 L1 呢？只要对外公布 Hash 0-1，Hash 1，Top Hash；这时 L1 的拥有者通过 Hash 生成 Hash 0-0，然后根据公布的 Hash 0-1 生成 Hash 0，再根据公布的 Hash 1 生成 Top Hash；如果最后生成的根哈希值能和公布的 Top Hash 一样，则可以证明拥有这个数据，而且不需要公布 L2，L3，L4 这些数据。

4. 智能合约

智能合约是实现区块链系统灵活编程和操作数据的基础。智能合约概念最早在 1994 年由学者尼克·萨博（Nick Szabo）提出，最初被定义为一套以数字形式定义的承诺，包括合约参与方可以在上面执行这些承诺的协议，其设计初衷是希望通过将智能合约内置到物理实体来创造各种灵活可控的智能资产。限于当时的条件，智能合约只是停留于概念，直至区块链技术的出现

---

① https://blog.csdn.net/weixin_34413357/article/details/92071516

使得智能合约得以实现。智能合约是区块链的核心构成要素，是由事件驱动的、具有状态的、运行在可复制的共享区块链数据账本上的计算机程序，能够实现主动或被动的处理数据，接收、储存和发送价值，以及控制和管理各类链上智能资产等功能[6]。

比特币脚本语言被认为是区块链上智能合约的雏形，是一种简单的、基于堆栈的、从左向右处理的类似 Forth 的逆波兰表达式的执行语言，它可支持在一些低端硬件上运行，因为主要是由一组指令构成，一般称之为操作码。除了有条件的流控制以外，比特币脚本语言没有循环或复杂流控制能力，这意味着脚本有限的复杂性和可预见的执行次数，这在损失一定灵活性的同时能够极大地降低复杂性和不确定性，并能够避免因无限循环等逻辑炸弹而造成拒绝服务等类型的安全性攻击，可以在一定程度上保护比特币区块链的安全性。此外，比特币交易脚本语言是去中心化验证的，一个脚本能在任何节点上以相同的方式执行，这种结果可预见性也是智能制造场景中需要的良性特征。

以太坊实现了一套图灵完备的脚本语言，真正实现了区块链上的智能合约，因此被广泛认为是区块链 2.0 的典型代表。用户可基于以太坊构建任意复杂和精确定义的智能合约与去中心化应用，但同时需要节点能够运行以太坊虚拟机（Ethereum virtual machine，EVM），这对智能制造场景中运行的终端提出了较高的要求。

3.2.3　区块链的技术特点

区块链具有去中心化、可追溯性、集体维护、可编程性和安全可信性等特点[7]。

（1）区块链的核心优势是去中心化。区块链基于 P2P 网络结构，综合运用数据加密、时间戳、特别是分布式共识和经济激励等手段，在复杂、开放和缺乏信任的分布式环境中实现基于去中心化的点对点交易、协调与协作，从而为解决中心化系统中普遍存在的高成本、低效率和数据存储不安全等问题提供了全新的思路。

（2）可追溯性。区块链中的交易是前后关联的，支持查询任意交易从源头到最新状态间整个历史过程，其显著特征就是基于时间戳构建链式区块结构，从而为数据增加了时间维度，保证了数据的准确性和完整性，具有极强的可验证性和可追溯性。

（3）集体维护。区块链技术采用的是一种全民参与记账，共同参与记录和存储交易信息的方式实现交易数据库的一致性，为了保证系统中所有节点的公平，系统采用特定的经济激励机制并结合共识算法来分配出块权。

（4）可编程性。区块链技术支持各类脚本代码、算法以及由此生成的更为复杂的智能合约（如以太坊平台），用户可以通过建立智能合约，将预定义规则和条款转化成可以自动执行的计算机程序，高效地解决了传统合约中依赖中介等第三方维系、合约执行成本高等问题。

（5）安全可信性。区块链技术采用非对称密码学算法对数据进行加密，同时借助分布式系统各节点的工作量证明等共识算法形成的强大算力来抵御外部攻击，利用哈希函数的单向性、数字签名的防伪认证功能保证区块链数据不可篡改和不可伪造，能够有效提升数据的安全性。

3.2.4　区块链的分类与适用场景

按照访问和管理权限，一般可以将区块链分为公有链（public blockchains）、联盟链（consortium blockchains）和私有链（private blockchains）。随着区块链技术的发展和演变，这三种类型的区块链系统也呈现出逐渐融合发展的态势。

本节将结合区块链的分类，阐述不同类别的区块链及其适用的场景。

1. 公有链

公有链是完全对公众开放的区块链，任何节点都可以自由接入网络并发送交易，若交易有效则能够获得该区块链的确认。同时，任何节点也都可以参与其共识过程，决定哪些区块将被添加到链中，无需身份认证。公有链上的数据一般是公开透明的。

公有链系统通常被认作"完全去中心化"的区块链模态，不需要任何可信第三方参与系统的管理，其运行依赖于一组事先预定的规则和算法，即共识算法。通过共识算法，公有链系统实现了每个参与者在不信任的网络中能够发起可靠的交易事务。

公有链的适用场景包括数字货币系统、众筹系统、金融交易系统等。公有链是最早出现的区块链模态，也是目前应用最广泛的。绝大多数加密数字货币均基于公有区块链。以比特币（https://bitcoin.org）为例，在使用比特币系统时，用户只需要下载相应的软件客户端，就可以进行创建钱包地址、转账交易、挖矿等操作。

2. 联盟链

联盟链也称为行业区块链。一般而言，联盟链中存在两类节点：一类是预先选定的记账节点；另一类是参与交易的普通节点。记账节点通常由某个群体内部指定多个预选的节点构成，每个块的生成由所有的记账节点通过共识协议决定；普通节点可以参与交易，但不参与共识，也不承担记账义务。节点间通常有良好的网络连接。公众读取区块链数据的权限由联盟链自行决定，既可以向公众开放，也可以被限定查询。

联盟链被认为是"部分去中心化的"或者"多中心化的"，适用于多个组织之间事务交互的场景，比如银行之间的支付结算、企业合作的供应链管理等。在联盟链中，通过身份认证和权限设置进行可控的成员管理。典型的联盟链如 Ripple 区块链，可以为属于联盟成员的银行类金融机构提供跨境支付服务，希望取代 SWIFT 跨境转账平台，打造全球统一的网络金融传输协议。

3. 私有链

私有链通常是记账权不对外开放、仅限在组织内部或个人使用的系统，其本质上是使用区块链技术作为底层记账技术的分布式数据库。私有链的拥有者独享该区块链的写入权限。与联盟链类似，公众读取区块链数据的权限由私有链自行决定，既可以向公众开放，也可以被限定查询。

在私有链环境中，数据的访问及使用有严格的权限管理，节点数量和节点的状态通常是可控的，因此一般不需要通过竞争来确定每轮负责打包的节点，可以采取更加节能环保的共识协议，如 PoS 等。私有链被认为是"完全中心化"的区块链模态，适用场景包括企业内部的票据管理、财务审计、供应链管理、政务管理系统等。

综上所述，智能制造行业中，那些需要公众广泛参与、汇集大众集体智慧，且最大限度保证数据公开透明的场景，大多适用于公有链。例如在公有链系统上可以存储客户向工厂定制商品中能向大众公开的信息，这些信息的公开透明有利于公众对双方行为的监督；那些需要涉及多个组织之间的频繁事务交互、协调合作的场景，通常适用于联盟链。例如多方合作的智能物流配送、上下游供应链管理等；而那些需要严格可控的数据管理权限的场景，则适用于私有链，例如涉及客户或工厂隐私的信息管理等。

3.3 区块链的技术与方法

3.3.1 区块链的运行流程概述

区块链是按照时间顺序或者逻辑顺序将数据区块首尾相连链接而成的、基于密码学保证安全的、不可篡改和不可伪造的去中心化分布式账本。区块链的运行流程就是保证在开放的、缺乏信任的分布式网络中各节点的账本能够最终达到一致性的过程。本节将以一个简化的比特币系统为例，概述区块链的运行流程[5]。

比特币系统中运行的主体是交易，从交易的整个生命周期来看，其运行流程大致可以分为交易生成、传播验证、共识出块、上链确认 4 个核心环节，如图 3-7 所示，展示了由三个节点组成的最简比特币系统的运行交互流程。图 3-7（a）是系统初始状态，网络中各节点均只含有创世区块（genesis block，标识为 GB），其存储待处理交易的内存池（图中以 {} 表示）均为空。

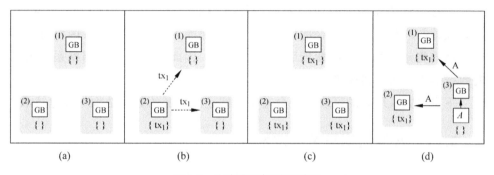

图 3-7　比特币系统运行示意图

（1）创建交易，发起方需确保自身钱包拥有足够的转账金额，根据接受方的地址发起交易并签名，然后将该交易在全网广播。如图 3-7（b）所示，假设节点 2 就是交易发起节点，创建交易 tx_1，并保存在自己的内存池，且向其相邻节点推送该交易。

（2）交易的传播验证，相邻节点会再向其相邻节点传播交易 tx_1。以此类推，交易 tx_1 将在整个比特币网络广播，接收到该交易的节点，将依据统一的规则对交易进行验证，同时还会检查是否是孤立交易，这样交易 tx_1 很快将被大部分节点知晓，暂存在各自本地的内存池中，如图 3-7（c）所示。

（3）共识出块。比特币系统是通过工作量证明（proof of work，PoW）共识算法竞争记账权，即创建出全网认同的最新区块，所有节点都同步该区块以维持全网账本的一致性。该共识过程的特点是求解非常复杂，但验证极为容易，因此可以类比为一个巨大的多人数独游戏。一个已经完成的数独，可以很快加以验证。但是，如果要解开大规模的数独将非常耗时，而且数独游戏的困难度可以通过改变其行列多少来动态调整。即使数独游戏的规模非常大，但验证难度不变。比特币系统中这个"数独游戏"难题是基于哈希加密算法搜索足够小的区块哈希值，同样是求解困难但验证容易，且难度可以调整。最快解开该难题的节点将获得记账权力，并获得相应的比特币奖励。

（4）交易确认，如图3-7（d）所示，节点3基于自身算力最先找到一个具有足够难度的工作量证明获得记账权，它就向全网广播该区块A（交易 tx_1 被打包在该区块中，且从内存池删除）。全网其他节点核对该区块的有效性，没有错误后它们将接受该区块，并开始竞争下一个区块的出块权。一般包含交易 tx_1 的区块后面新增6个区块之后，交易 tx_1 便可以认为完成确认，完成整个生命周期。

比特币这类系统中，区块链网络传播的是交易，而在智能制造场景中，需要设计与具体业务相结合的区块链，诸如溯源区块链等；此时区块链网络中传播的将是更为复杂的智能制造场景数据。因此，需要适度调整系统采取的数据结构、网络架构等。

下文将先从现有的区块链平台着手，阐述区块链的数据结构与关键技术。

3.3.2　数据结构与关键技术

区块链在数据结构设计方面借鉴了斯图尔特·哈伯与斯科特·斯托内塔的研究工作。他们于1991年在《密码研究》杂志发表的论文中首次提出散列化数据链技术设想，客户使用软件将数据文件散列化，将散列值上传至时间戳服务系统，并利用加密技术加盖时间戳"封条"，后续文件又对当前文件"封条"进行签名，所有用户数据封条将形成散列链。每周内新产生的封条散列集中在一处，并计算出一个汇总过的散列值刊登于当时世界销量第一的《纽约时报》上，公开透明以此获得信任。由于发行一份印刷着假散列值的假报纸，并使其阅读量超过《纽约时报》在当时显然不可完成，因而确保了时间戳的不可篡改。该链反映了文件创建的先后顺序，以解决知识产权归属等纠纷，可以认为是"区块链"的雏形。下面我们将以比特币系统为例具体阐述区块链的数据结构。

比特币系统的区块结构主要由区块头和区块体两部分组成。区块头记录当前区块的元数据，共80字节；区块体则由一长串交易列表组成，平均每个交易约为250字节。因此，区块体的规模要远比区块头的规模大。简化支付验证（simplified payment verification，SPV）技术就充分利用了区块头的轻量数据的优势，以快速验证区块链中特定数据和交易。

比特币的区块结构如图 3-8 所示 [2]。

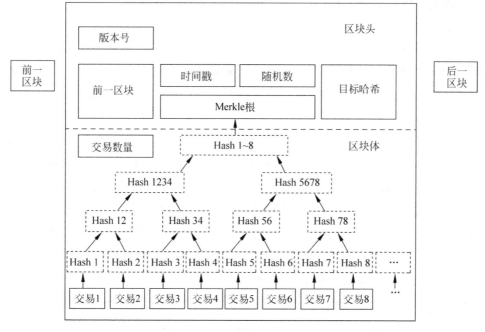

图 3-8 比特币系统的区块结构

1. 区块头

区块头保存的信息，一般称为元数据（Meta Data）。区块头不涉及具体的交易，主要由三组元数据组成，首先是对前一区块的引用，用于该区块与其父区块（即前一区块）相连；第二组元数据包括目标哈希、时间戳、随机数，这是与挖矿竞争，达成分布式共识相关；第三组元数据是默克尔根（Merkle根），是简洁高效地总结区块中所有交易的数据结构。

1）区块主标识符

第一种标识区块的方式是加密哈希值，即对区块头进行两次 SHA256 哈希计算得到的 32 个字节的哈希值，一般称为区块哈希值。需要注意的是，图 3-8 的数据结构中并没有包含区块哈希值，这是因为区块哈希值是由区块接收节点计算出来的，并不需要实际存储，但是为了便于快速检索区块，区块哈希值有可能同样作为区块元数据存储在一个独立的数据库表中。

第二种标识区块的方式是区块高度，一般设置创世区块的高度为 0。因此，区块链也常被视为一个垂直的栈，创世区块位于栈底，随后每个区块不断堆叠。区块哈希值或区块高度都可以标识区块，不同的是区块高度不是唯一标识符，同一区块高度可能存在两个或以上的区块，它们在共同争夺同一位置。这种情况称为"区块链分叉"。

2）创世区块

比特币区块链的创世区块创建于 2009 年 1 月 3 日，是所有区块的共同祖先。因此，从任一区块沿着链条回溯，最终都将到达此区块。创世区块是硬编码在比特币客户端软件中的，因而每个节点至少包含创世区块，以确保其不可篡改性。

比特币的创世区块中还包含了一个隐藏的信息。如图 3-9 所示，创世区块中发行新比特币的 CoinBase 交易的输入中包含着这样一句话"The Times 03/Jan/2009 Chancellor on brink of second bailout for banks"。这是中本聪特意作为交易的附加字段写入区块链创世交易中的，这段话既是对该区块产生时间的说明，也是对金融危机巨大压力下，旧有的脆弱银行系统的嘲讽。该字段长度最小 2 字节，最大 100 字节，可以存放自定义的数据，这种设计为其他非交易型场景的应用预留了扩展空间。

图 3-9　创世区块预留信息

2. 区块体

区块体封装了实际交易数据，交易是在以比特币为代表的加密货币型区块链网络中传输的最基本的数据结构。如图 3-10 所示，可以使用区块链浏览器方便地查看（比特币）区块链上的任意交易。

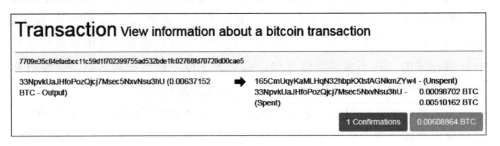

图 3-10　区块链浏览器上示例交易

我们以比特币历史上著名的"披萨交易"为例，对原始交易进行解码，如图 3-11 所示。

元数据
```
{
  "hash": "cca7507897abc89628f450e8b1e0c6fca4ec3f7b34cccf55f3f531c659ff4d79",
  "ver": 1,
  "vin_sz": 1,
  "vout_sz": 2,
  "lock_time": 0,
  "size": 300,
```

输入
```
  "in": [
    {
      "prev_out": {
        "hash": "a1075db55d416d3ca199f55b6084e2115b9345e16c5cf302fc80e9d5fbf5d48d",
        "n": 0
      },
      "scriptSig": "30450221009908144ca...042e930f39ba62c6534ee98ed20ca989..."
    }
  ],
```

输出
```
  "out": [
    {
      "value": "577700000000",
      "scriptPubKey": "OP_DUP OP_HASH160
df1bd49a6c9e34dfa8631f2c54cf39986027501b OP_EQUALVERIFY OP_CHECKSIG"
    },
    {
      "value": "422300000000",
      "scriptPubKey": "04cd5e9726e6afeae357b1806be25a4c3d... OP_CHECKSIG"
    }
  ],
```

图 3-11　著名的比特币"披萨交易"的 JSON 可视化格式示例

比特币交易的实际数据结构如表 3-1 所示。

表 3-1　比特币交易的数据结构

数据项	数据描述	大小
Version No	版本号，表明交易参照的规则	4 字节
In-counter	输入数量，指交易输入列表中交易的数量	1~9 字节
list of inputs	输入列表，一个或多个交易输入	不定

续表

数据项	数据描述	大小
Out-counter	输出数量，指交易输出列表中交易的数量	1~9 字节
list of outputs	输出列表，一个或多个交易输出	不定
lock_time	锁定时间，区块高度或者时间戳	4 字节

由表 3-1 可知，交易主要可以分成三部分，即元数据、一系列的输入和一系列的输出。除了第一笔 Coinbase 交易没有输入、只有输出之外，其他每一笔交易都有一个或多个输入，以及一个或多个输出。

1）元数据

元数据主要包含交易哈希、版本号、输入数量、输出数量、交易锁定时间、交易大小等，用于简要描述交易的基本情况。

2）交易输入

交易的输入是一个列表，每个输入的格式相同，当前交易的输入来源于之前某笔交易的输出，由之前那笔交易的哈希值＋索引号（输出可能有多笔，第一笔索引号为 0)定位。哈希值＋索引号构成一个指向"未花费的交易输出"（unspent transaction outputs，UTXO）的指针。一个 UTXO 以"聪"（Satoshi）为最小单位（即一亿分之一比特币)，且在一个交易中必须作为一个整体使用。如果一个 UTXO 比实际所需量大，那么将产生找零，因此大部分比特币交易都会产生找零。交易的输入除了指向 UTXO 的指针外，还需通过解锁脚本来提供所有权证明，解锁脚本是一个证明比特币所有权的数字签名和公钥。因此，图 3-11 中交易的输入是从交易 a1075db55d416d3ca199f55b6084e2115b9345e16c5cf302fc80e9d5fbf5d48d 的索引为 0 号的输出中导入的 10000 个比特币。

3）交易输出

交易的输出同样也是一个列表，每个输出分为两个部分：

（1）一定量的比特币，单位为"聪"；

（2）确定花费输出所需的锁定脚本（locking script）、见证脚本（witness script）或脚本公钥（script pubKey）。

交易的所有输出金额之和必须小于或等于输入金额之和。当输出的总金额小于输入总金额时，二者的差额部分就作为交易费支付给为这笔交易记账的矿工。以图 3-11 所示的交易为例，该交易中输入的 10000 个比特币，在两个输出中分别发送 5777 和 4223 个比特币到相应的比特币地址（实际是公钥或公钥哈希，如 df1bd49a6c9e34dfa8631f2c54cf39986027501b 就是一个公钥哈希，公钥或公钥哈希可以转换为地址）。

3.3.3　分布式组网技术

分布式组网技术包括区块链系统的组网方式、消息传播协议和数据验证机制等要素，下文将继续以比特币为例，探讨区块链底层的网络结构与通信协议。

比特币系统底层采用了对等网络（peer to peer network，P2P），相较于传统的中心化的客户端 / 服务器（client/server，C/S）模式，P2P 网络中的参与者既是资源（内容和服务）提供者（server），又是资源获取者（client），各个节点地位对等，不存在任何中心化的特殊节点或者层级结构，网络节点以扁平拓扑结构相连与交互，每个节点均会承担网络路由、验证区块数据、传播区块数据、发现新节点等功能，部分节点的故障不影响整个网络的通信，网络整体具有分布式、容错性高、去中心化的特点。

比特币网络不仅包括遵照 P2P 协议运行的一系列节点，随着比特币生态的发展，还纳入其他的网络协议，如 Stratum 协议、矿池协议，相关协议综合构成了现在的比特币网络，称为"扩展比特币网络"（extended bitcoin network）。扩展比特币网络包含多种类型的节点、网关服务器、边缘路由器、钱包客户端以及它们互相连接所需的 P2P 协议、矿池挖矿协议、Stratum 协议等各类协议，如图 3-12 所示 [5]。

1. 节点类型

比特币网络中各个节点功能集合一般包括网络路由（network route，简写为 N）、完整区块链（full blockchain，简写为 B）、矿工（miner，简写为 M）、钱包（wallet，简写为 W）。如图 3-13 所示，根据节点所提供的功能不同，主要分为以下 4 种：

（1）拥有全部功能集的节点称为核心客户端（bitcoin core）；

（2）不参与挖矿，仅提供完整区块链数据和参与全网路由的节点称为完整区块链节点；

（3）拥有完整区块链数据，并参与挖矿与路由的节点称为独立矿工；

（4）仅提供钱包功能与参与全网路由的节点称为轻量（SPV）钱包。

除了这些主要节点类型外，还有一些节点运行其他协议，如挖矿协议，因而网络中还有矿池协议服务器、矿池挖矿节点、Stratum 钱包节点等。

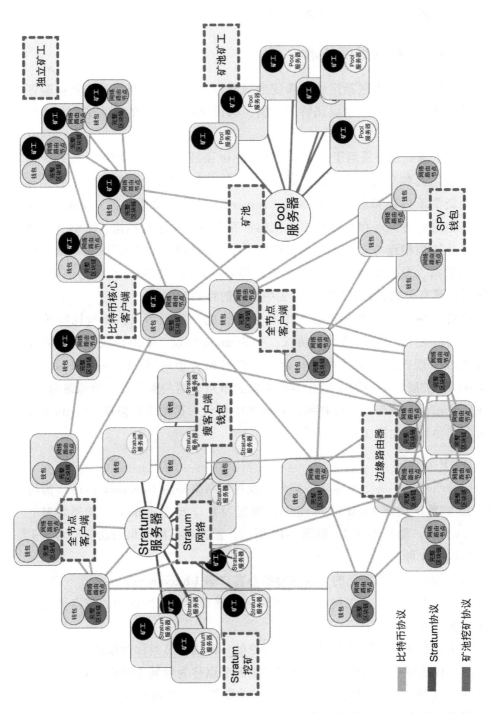

图 3-12 扩展比特币网络示意图

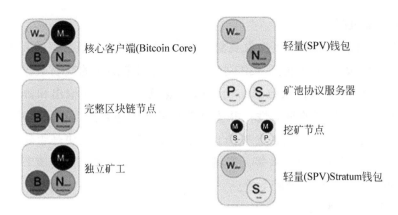

图 3-13　扩展比特币网络的节点类型

2．网络协议

区块链的网络协议包括组网方式、传播协议和数据验证等要素，这里继续以比特币网络为例，介绍区块链的分布式组网技术。

1）组网方式

当新的网络节点启动后，首要的事情就是发现并连接到网络中的其他比特币节点，比特币网络中一般通过以下方式实现：

（1）DNS–seed。DNS-seed 又称为 DNS 种子节点，比特币的社区会维护一些域名，这是节点启动进行组网的默认方式，除非用户使用命令行指定节点。

（2）硬编码。如果 DNS-seed 方式失败，还会利用客户端代码中"硬编码地址"。

2）传播协议

一个通用的区块链网络主要包括以下交互过程：

（1）节点入网建立初始连接；

（2）节点地址传播发现；

（3）矿工、全节点同步区块数据；

（4）客户端创建一笔交易；

（5）矿工、全节点接收交易；

（6）矿工、全节点挖出新区块，并广播到网络中；

（7）矿工、全节点接收广播的区块。

以比特币网络为例，节点采用 TCP 协议，使用 8333 端口与其他对等节点交互。version 消息和 verack 消息用于建立连接；addr 和 getaddr 消息用于地址传播；getblocks、inv 和 getdata 消息用于同步区块链数据；tx 消息用于发送交易。

3）验证机制

区块链网络中每个节点接收到交易 / 区块后首先要验证数据的有效性。以比特币为例，矿工节点收到 P2P 网络中广播的尚未确认的交易数据后，将对照预定义的标准清单，从数据结构、语法规范性、输入 / 输出和数字签名等各方面校验交易数据的有效性，并将有效交易数据整合到当前区块中；同理，新区块产生后，其他节点也会按照预定义标准来校验该区块是否包含足够工作量证明，时间戳是否有效等。验证通过才会将该区块链接到该节点主区块链上，并开启下一轮的挖矿竞争。

4）简单支付验证

分布式网络构建是需要结合应用场景、节点性能综合考量的，尤其智能制造应用场景中存在诸多异构的、计算与存储受限的终端。比特币系统的简单支付验证（simplified payment verification，SPV）设计思路就是针对这些场景产生的。

比特币系统所有区块数据目前已经超过 200GB。显然，这对节点硬件能力提出要求，但是即使具备运行全节点程序的能力，也不见得要去这么做，更不会是大多数人的需求。中本聪在白皮书中提出了一个构想，即不运行全节点也可以验证支付，用户只需要保存所有的区块头（block header）即可。用户虽然不能自己验证交易，但如果能够从区块链的某处找到相符的交易，他就可以知道网络已经认可了这笔交易，而且得到了网络的多个确认。该方案就是简单支付验证，这是分布式网络中如何处理超大规模区块数据的创新。简单说来，就是比特币网络里的节点在打包一个区块时，会对区块里所有交易进行验证，并且一个交易还会得到 6 次确认来确保交易最后的完成。正是如此，在使用简单支付验证时，只要判断出一个交易在主链上的某个区块里出现过，就可以证明该交易之前已被验证过。区块头部只有 80 字节。按照每小时 6 个区块的出块速度，每年产出 52560 个区块。当只保存区块头部时，每年新增的存储需求约为 4MB，100 年后累计的存储需求仅为 400MB，即使用户使用的是最低端的设备，正常情况下也完全能够负载。

3.3.4　区块链共识算法

共识问题是社会科学和计算机科学领域的经典问题，已经有很长的研究历史。目前有记载的文献至少可以追溯到 1959 年，兰德公司和布朗大学的埃德蒙·艾森伯格（Edmund Eisenberg）和大卫·盖尔（David Gale）发表的 *Consensus of Subjective Probabilities: The Pari-Mutuel Method* 论文，主要研究针对某个特定的概率空间，一组个体各自有其主观的概率分布时，如何形成一个共识概率分布的问题 [8]。随后，共识问题逐渐引起各学科领域的研究兴趣。

早期的共识算法一般也称为分布式一致性算法，主要面向分布式数据库操作、且大多不考虑拜占庭容错问题，即假设系统节点只发生宕机和网络故障等非人为问题，而不考虑恶意节点篡改数据等问题。1980 年马歇尔·皮斯（Marshall Pease）、罗伯特·肖斯塔克（Robert Shostak）和莱斯利·兰伯特（Leslie Lamport）提出分布式计算领域的共识问题 [9]，该问题主要研究在一组可能存在故障节点、通过点对点消息通信的独立处理器网络中，非故障节点如何能够针对特定值达成一致共识，称为"拜占庭将军问题" [10]。拜占庭将军问题强调的是由于硬件错误、网络拥塞或断开以及遭到恶意攻击，计算机和网络可能出现的不可预料的行为。此后，分布式共识算法可以分为两类，即拜占庭容错算法和非拜占庭容错算法。早期共识算法一般为非拜占庭容错算法，例如广泛应用于分布式数据库的 Viewstamped Replication 和 Paxos，目前主要应用于联盟链和私有链；2008 年末，比特币等公有链诞生后，拜占庭容错共识算法才逐渐获得实际应用。需要说明的是，拜占庭将军问题是区块链技术核心思想的根源，直接影响区块链系统共识算法的设计和实现，因而在区块链技术体系中具有重要意义 [11]。

2000 年，加利福尼亚大学的埃里克·布鲁尔（Eric Brewer）教授在"ACM Symposium on Principles of Distributed Computing"研讨会的特邀报告中提出了一个猜想：分布式系统无法同时满足一致性（consistency）、可用性（availability）和分区容错性（partition tolerance），最多只能同时满足其中两个。其中，一致性是指分布式系统中的所有数据备份在同一时刻保持同样的值；可用性是指集群中部分节点出现故障时，集群整体是否还能处理客户端的更新请求；分区容错性则是指是否允许数据分区，不同分区的集群节点之间无法互相通信。2002 年，塞斯·吉尔伯特（Seth Gilbert）和南希·林奇（Nancy Lynch）在异步网络模型中证明了这个猜想，使其成为 CAP 定理或布鲁尔定理 [12]。该定理使得分布式网络研究者不再追求同时满足三个特性的完美设计，而是不得不在其中做出取舍，这也为后来的区块链体系结构设计带来了影响和限制。

1. Paxos

1989 年，莱斯利·兰伯特（Leslie Lamport）在工作论文 *The Part-Time Parliament* 中提出 Paxos 算法，由于文章采用了讲故事的叙事风格且内容过于艰深晦涩，直到 1998 年才通过评审，发表在 *ACM Transactions on Computer Systems* 期刊上 [13]。Paxos 是基于消息传递的一致性算法，主要解决分布式系统如何就某个特定值达成一致的问题。随着分布式共识研究的深入，Paxos 算法获得了学术界和工业界的广泛认可，并衍生出 Abstract Paxos、Classic Paxos、Byzantine Paxos 和 Disk Paxos 四类变种算法，成为解决异步系统共识问题最重要的算法家族 [14]。实际上，利斯科夫等提出的 Viewstamped Replication 算法本质上也是一类 Paxos 算法。需要说明的是，Viewstamped Replication 和 Paxos 算法均假设系统中不存在拜占庭故障节点，因而是非拜占庭容错的共识算法。

2013 年，斯坦福大学的迭戈·翁伽罗（Diego Ongaro）和约翰·奥斯特豪特（John Ousterhout）提出了 Raft 共识算法 [15]。正如其论文标题 *In Search of an Understandable Consensus Algorithm* 所述，Raft 的初衷是设计一种比 Paxos 更易于理解和实现的共识算法。要知道，由于 Paxos 论文极少有人理解，兰伯特于 2001 年曾专门写过一篇文章 *Paxos Made Simple*，试图简化描述 Paxos 算法，但效果不好，这也直接导致了 Raft 的提出。目前，Raft 已经在多个主流的开源语言中得以实现。

2. PBFT

1999 年，芭芭拉·利斯科夫（Barbara Liskov）等提出了实用拜占庭容错算法（Practical Byzantine Fault Tolerance，PBFT） [16]，解决了原始拜占庭容错算法效率不高的问题，使得拜占庭容错算法在实际系统应用中变得可行。PBFT 实际上是 Paxos 算法的变种，通过改进 Paxos 算法使其可以处理拜占庭错误，因而也称为 Byzantine Paxos 算法，可以在保证活性（liveness）和安全性（safety）的前提下提供（$n-1$）/3 的容错性，其中 n 为节点总数。

3. PoW

1993 年，美国计算机科学家、哈佛大学教授辛西娅·德沃克（Cynthia Dwork）首次提出了工作量证明（proof of work，PoW）思想 [16]，用来解决垃圾邮件问题。该机制要求邮件发送者必须算出某个数学难题的答案来证明其确实执行了一定程度的计算工作，从而提高垃圾邮件发送者的成本。1997 年，英国密码学家亚当·伯克（Adam Back）也独立地提出、并于 2002 年正式发表了用于哈希现金（Hash Cash）的工作量证明机制 [17]。哈希现金也致力于解决垃圾邮件问题，其数学难题是寻找包含邮件接收者地址和当前日期在内的特定数据的 SHA-1 哈希值，使其至少包含 20 个前导零。1999 年，马库斯·雅各布松（Markus Jakobsson）正式提出了"工作量证明"概念[18]。这些工作为后来中本聪设计比特币的共识机制奠定了基础。

比特币采用了 PoW 共识算法来保证比特币网络分布式记账的一致性，这也是最早和迄今为止最安全可靠的共识算法。PoW 的核心思想是通过分布式节点的算力竞争来保证数据的一致性和共识的安全性。比特币系统的各节点（即矿工）基于各自的计算机算力相互竞争来共同解决一个求解复杂但是验证容易的 SHA256 数学难题（即挖矿），最快解决该难题的节点将获得下一区块的记账权和系统自动生成的比特币奖励。PoW 共识在比特币中的应用具有重要意义，其近乎完美地整合了比特币系统的货币发行、流通和市场交换等功能，并保障了系统的安全性和去中心性。然而，PoW 共识同时存在着显著的缺陷，其强大算力造成的资源浪费（主要是电力消耗）历来为人们所诟病，而且长达 10min 的交易确认时间使其相对不适合小额交易的商业应用。

4. PoS

2011 年 7 月，一位名为 Quantum Mechanic 的数字货币爱好者在比特币论坛（www.bitcointalk.org）首次提出了权益证明（proof of stake，PoS）共识算法。随后，由 Sunny King 在 2012 年 8 月发布的点点币（peercoin，PPC）中首次实现。PoS 由系统中具有最高权益而非最高算力的节点获得记账权，其中权益体现为节点对特定数量货币的所有权，称为币龄或币天数（coin days）。PPC 将 PoW 和 PoS 两种共识算法结合起来，初期采用 PoW 挖矿方式以使得 Token 相对公平地分配给矿工，后期随着挖矿难度增加，系统将主要由 PoS 共识算法维护。PoS 一定程度上解决了 PoW 算力浪费的问题，并能够缩短达成共识的时间，因而比特币之后的许多竞争币都采用 PoS 共识算法。

5. DPoS

2013 年 8 月，比特股（Bitshares）项目提出了一种新的共识算法，即授权股份证明算法（delegated proof-of-stake，DPoS）。DPoS 共识的基本思路类似于"董事会决策"，即系统中每个节点可以将其持有的股份权益作为选票授予一个代表，获得票数最多且愿意成为代表的前 101 个节点（或其他数量、一般为奇数）将进入"董事会"，按照既定的时间表轮流对交易进行打包结算，并且签署（即生产）新区块。如果说 PoW 和 PoS 共识分别是"算力为王"和"权益为王"的记账方式，DPoS 则可以认为是"民主集中式"的记账方式，其不仅能够很好地解决 PoW 浪费能源和联合挖矿对系统的去中心化构成威胁的问题，也能够弥补 PoS 中拥有记账权益的参与者未必希望参与记账的缺点，其设计者认为 DPoS 是当时最快速、最高效、最去中心化和最灵活的共识算法。

3.3.5　激励机制与 Token 经济

Token（一般译为通证或者代币）是区块链系统中以数字形式存在的权益凭证，它代表的是一种权利，具有某种固有和内在的价值。Token 一般具有可流通性，可以容易被验证真实性并且进行交易。为了保障通证的安全性（如防篡改、隐私性），通常需要精心设计的密码学机制。

在区块链项目发行过程中，Token 发行机制决定了项目的未来走向和性质，因此具有重要的意义。目前，发行 Token 的区块链项目可以分为公链和应用（DApp）两类，公链中往往包含多种属性的 Token，如股份、货币或商品。应用型 Token 的设计通常采用积分＋股份相结合的方式，这类 Token 往往代表了项目的所有权。基于此，Token 发行将公司发行股份和中央银行发行货币相结合，形成了区块链项目中单 Token 和双 Token 两种 Token 发行机制[5]。

单 Token 发行机制就是区块链项目在发行过程中只发行一种 Token，这类Token 的发行可以分为总量有上限、总量无上限以及总量有上限与总量无上限相结合三种情况。在总量有上限的 Token 发行机制中，必须首先设定一个Token 发行总量的上限。在总量无上限的 Token 发行机制中，每个区块的奖励会设置一定的通胀率，因此，Token 数并不是固定的，随着区块的不断挖出而逐渐增加。在总量上限＋总量无上限相结合的 Token 发行机制中，主要采用混合挖矿方式来发行新 Token，并奖励给矿工或 Token 持有人。

部分公链项目发行了两类 Token，一类代表区块链系统所有权并且具备激励特性，另外一类则是价格稳定的 Token 作为生态内的"货币"来使用，这样就形成了双 Token 的设计模式。为了实现 Token 的稳定性，可以采用锚定美元等稳定资产、以其他 Token 作为基础资产抵押和算法央行这三种方式来发行 Token。由于 Token＋稳定币的双 Token 发行方式发行的 Token 类似于"股份＋货币"，因此比单纯采用总量有上限的单币发行方式更具优势，有利于生态体系的建立。Token 的分配机制需要权衡各方利益，从而激励各利益群体参与项目的积极性。

由于 Token 与区块链技术的紧密联系，Token 经济学被认为是基于区块链技术的经济系统的研究、设计和实施。每个区块链平台和区块链应用都可以设计自己独立的 Token 经济模型。基于 Token 经济学，人们可以构建全新的业务和治理模型。作为一种全新的技术、新兴的交易模式和成功的商业逻辑，区块链的核心内容是经济激励，区块链技术的成功应用离不开经济激励机制。在 Token 经济学中，Token 本身就是经济激励，它们被用来激励网络成员为网络带来的好处。总体而言，Token 经济模型可以分为以下几类：

1. 激励矿工

为了维护系统的运行，比特币、以太坊等区块链系统通过向成功挖矿的矿工发放 Token，以激励矿工运营网络和验证交易。区块链挖矿的过程实际上是一个完全竞争的过程。在这个过程中，海量分散、无组织的节点之间进行不断的竞争，由于挖矿过程中需要消耗大量电力资源，经济激励是保证他们持续挖矿的根本动力。通过这种激励机制，有效激励更多的矿工进入网络，使得网络更安全，并且通过矿工的竞争可能可以间接削减交易费用。

2. 稳定价格

在采用 PoS 和 DPoS 共识算法的区块链系统中，Token 持有者通过将 Token "锁定" 的方式来竞争记账权，作为回报，Token 持有者会因此得到奖励。这种 "锁定" 行为有利于稳定加密货币的价格，因为被锁定的 Token 不能进行流通，因此持有者不能对这些 Token 进行交易。此外，在比特币等 Token 总量固定的区块链系统中，投资者往往忽略它作为支付工具的属性，而是更看重它本身的升值潜力，从而更倾向于持有 Token。这种情况下，Token 也难以进入流通市场作为交易支付手段。

3. 支付交易费

当矿工成功挖矿之后，可以在该区块中打包交易。此时矿工有两种选择，一种是合作即打包所有人的交易，另一种是不合作即只打包自己的交易而不打包其他人的交易。由于每个矿工都具有自利性，其博弈的纳什均衡将是（不合作，不合作），即每个矿工均只会选择打包与验证自身的交易，而不去打包系统中的其他交易，从而导致系统中的交易由于一直不能得到验证而出现大量堆积的现象。当系统中排队的交易达到一定数量时，就会造成区块链系统的拥堵甚至瘫痪，从而导致矿工的收益均为 0，这就是区块链系统的 "公共地悲剧"[5]。为了解决这个问题，需要设计合理的激励机制，使得矿工在验证交易的过程中由不合作转变为合作，即不仅打包自己的交易，也打包他人的交易。支付交易费给矿工是一种比较常见的做法，这样当矿工选择合作，成功挖到区块并打包交易时，会获得一定的交易费，即矿工选择合作会获得额外的奖励。

4. 去中心化治理

区块链本身是一个去中心化的管理体系，通过共识机制在节点间就客观事务达成一致，例如某个账户的余额。在基于 Token 的去中心化治理体系下，持有 Token 的用户可以对组织的运营决策进行投票，采用这种方式的组织被称为去中心化自治组织（decentralized autonomous organization，DAO）[19]。在这种情况下，用户（节点）可以就主观事务达成共识，例如对协作项目的贡献价值，组织成员需遵守的规章制度。

3.3.6　智能合约与去中心化应用

智能合约是随着区块链技术的发展而重新兴起的一项技术，其概念最早可追溯至 1994 年，由美国计算机科学家、法律学者和密码学专家尼克·萨博（Nick Szabo）提出，最初的定义是"一套以数字形式指定的承诺，包括合约参与方可以在上面执行这些承诺的协议"。萨博将智能合约比作自动贩卖机：一方选择执行某个动作（将硬币投入贩卖机），然后贩卖机根据相应动作做出回应（提供商品并找零）。智能合约的设计初衷是希望通过将智能合约内置到物理实体来创造各种灵活可控的智能资产，只是局限于当时的计算条件，智能合约一直不能够应用到现实中 [20]。

区块链技术的出现使得萨博的理念有了重生的机会，人们发现区块链与智能合约天然契合，区块链逐渐成为智能合约最主要的计算场景，智能合约经各方签署后，以程序代码的形式附着在区块链数据上，经 P2P 网络传播和节点验证后记入区块链的特定区块中。智能合约封装了预定义的若干状态及转换规则、触发合约执行的情景（如到达特定时间或发生特定事件等）、特定情景下的应对行动等。区块链可实时监控智能合约的状态，并通过核查外部数据源、确认满足特定触发条件后激活并执行合约。

智能合约在区块链时代重焕生机并被赋予了新的涵义。区块链上智能合约可看作是包含了若干组"情景－应对"型规则，目前学界与产业界尚无公认的智能合约定义，我们认为狭义的智能合约可看作是运行在分布式账本上预置规则、具有状态、条件响应的，可封装、验证、执行分布式节点复杂行为，完成信息交换、价值转移和资产管理的计算机程序。广义的智能合约则是无需中介、自我验证、自动执行合约条款的计算机交易协议甚至是智能程序，可按照其设计目的分为：旨在作为法律的替代和补充的智能法律合约、旨在作为功能型软件的智能软件合约和旨在引入新型合约关系的智能替代合约，尤其适合智能制造场景 [6]。

　　目前已有众多平台支持智能合约开发，如以太坊、超级账本、EOS 等，其中以太坊和超级账本应用最为广泛，运行机制最具代表性，因此下面对这两种平台进行简要介绍。

　　以太坊（Ethereum）是世界上首个内置了图灵完备编程语言的公有区块链。开发者可在以太坊上编写任意复杂且精确定义的智能合约并实现包括加密货币在内的多种去中心化应用。智能合约最终将在矿工本地的以太坊虚拟机（EVM）中被编译为 EVM 代码后执行。用户使用以太坊专用加密货币以太币（Ether）购买燃料（gas）奖励矿工执行智能合约所贡献的计算资源。

　　超级账本（Hyperledger Fabric）是 Linux 基金会于 2015 年发起的推进区块链数字技术和交易验证的开源项目，其旗下的 Hyperledger Fabric 是针对联盟链的区块链架构，由 IBM 和 Digital Asset 最初贡献给 Hyperledger 项目。不同于比特币、以太坊等全球共享的公有链，超级账本只允许获得许可的相关商业组织参与、共享和维护。链码（chaincode）是超级账本中的智能合约，开发者利用链码实现对分布式账本上键 – 值对或其他状态数据库的读 / 写操作以更新和维护账本，并进一步开发业务，定义资产和管理去中心化应用。

参考文献

[1]　NAKAMOTO S. Bitcoin: A Peer-to-Peer Electronic Cash System[R/OL]. 2008-10-31. http://
　　　bitcoins.info/bitcoin.pdf.

[2]　袁勇，王飞跃 . 区块链技术发展现状与展望 [J]. 自动化学报，2016，42(4)：481-494.

[3]　SWAN M. Blockchain: Blueprint for a New Economy[M]. Sebastopol, California: O'Reilly
　　　Media, Inc. , 2015.

[4]　倪晓春，曾帅，袁勇，等 . 区块链研究现状的文献计量分析 [J]. 网络空间安全，2018，
　　　9(10)：7-16.

[5]　袁勇，王飞跃 . 区块链理论与方法 [M]. 北京：清华大学出版社，2019.

[6]　欧阳丽炜，王帅，袁勇，等 . 智能合约：架构及进展 [J]. 自动化学报，2019，45(3)：
　　　445-457.

[7]　袁勇，周涛，周傲英，等 . 区块链技术：从数据智能到知识自动化 [J]. 自动化学报，
　　　2017，43(9)：1485-1490.

[8]　EISENBERG E，GALE D. Consensus of Subjective Probabilities: The Pari-Mutuel
　　　Method. The Annals of Mathematical Statistics[J]. 1959, 30(1): 165-168.

[9]　PEASE M，SHOSTAK R，LAMPORT L. Reaching Agreement in the Presence of Faults[J].

Journal of the ACM, 1980, 27(2): 228-234.

[10] LAMPORT L, SHOSTAK R, PEASE M. The Byzantine Generals Problem[J]. ACM Transactions on Programming Languages and Systems, 1982, 4(3): 382-401.

[11] 袁勇，倪晓春，曾帅，等 . 区块链共识算法的发展现状与展望 [J]. 自动化学报，2018，44(11)：2011-2022.

[12] FISCHER M J, LYNCH N A, PATERSON M S. Impossibility of Distributed Consensus with One Faulty Process[J]. Journal of the ACM, 1985, 32(2): 374-382.

[13] LAMPORT L. The Part-Time Parliament[J]. ACM Transactions on Computer Systems, 1998, 16(2): 133-169.

[14] WATTENHOFER R. The Science of the Blockchain[M]. USA: CreateSpace Independent Publishing Platform, 2016.

[15] ONGARO D, OUSTERHOUT J. In Search of An Understandable Consensus Algorithm[C]. In: Proceedings of the USENIX Annual Technical Conference. Philadelphia, PA, USA: USENIX ATC, 2014. 305-319.

[16] DWORK C, NAOR M. Pricing via Processing or Combatting Junk Mail[C]. In: Proceedings of the 12th Annual International Cryptology Conference on Advances in Cryptology. Santa Barbara, California, USA: Springer-Verlag, 1992: 139-147.

[17] BACK A. Hashcash—a denial of service counter-measure[R/OL], 2018-04-10, http://www.hashcash.org/papers/hashcash.pdf.

[18] JAKOBSSON M, JUELS A. Proofs of Work and Bread Pudding Protocols[J]. Secure Information Networks, 1999，(23)：258-272.

[19] 丁文文，王帅，李娟娟，等 . 去中心化自治组织：发展现状、分析框架与未来趋势 [J]. 智能科学与技术学报，2019，1(2)：202-213.

[20] WANG S, OUYANG L W, YONG Y, et. al. Blockchain Enabled Smart Contracts: Architecture, Applications, and Future Trends[J]. IEEE Transactions on Systems, Man, and Cybernetics: Systems, 2019, 49(11): 2266-2277.

区块链＋智能制造：现状与技术
教学资源下载

第 4 章

基于区块链的
制造业管理

　　随着制造业生产规模的持续扩张以及装备技术水平的快速提高，大批的先进设备和生产线投入制造业的实践应用，生产设备和流程管理的专业化、自动化和智能化程度日益提高。物联网技术与智能制造的日益融合，也使得实时采集和分析智能制造系统中大量工业设备所产生的海量制造数据，实现对生产设备运行状态的实时监控与预测性维护，以及基于制造数据的精准管理、决策与服务优化成为可能。随着智能制造和工业物联网的深入推进，传统的设备管理方式与先进的装备技术水平、精细化管理、高效的网络协同管理要求之间的矛盾日益突出。在这种趋势下，探索和建设一种适于智能制造的管理体系势在必行。

　　总的来说，智能制造呈现数据收集整理困难、生产流程难以跟踪追溯、设备管理维修成本高等问题。区块链技术恰好可以尝试解决这些困扰制造业发展的难题。区块链的分布式网络结构可以实现海量数据的采集和处理。区块链不可篡改和不可伪造的特点使各类数据安全高效地用于实际设备和产品管理。区块链中的非对称加密和去中心化信任机制为复杂工业生产环境中大量设备的连接和协作提供了可能，也为机器设备之间的自动化交易提供了保障机制。采用智能合约可以在设备之间形成更加灵活的数据交互和生产协作，极大降低了生产流程管理和维护成本。

　　区块链技术将为智能制造的数据管理、身份管理和访问控制管理带来变革。本章将概述区块链技术在上述方面的重要作用。

4.1 数据管理

随着新一代信息技术的快速发展，智能制造理念和实践已经渗透到工业生产的全生命周期，企业在生产过程中也日益积累了实时产生的海量数据和信息。这些数据通常具有类型繁多，数据价值密度相对较低，处理速度和实效性要求高等显著特点。大数据和人工智能近年来的快速发展，进一步促使数据成为智能制造相关产业发展的重要基础，使得制造企业可以借助数据分析实时、准确地感知制造环境变化，科学分析与优化决策，以便改进生产过程、降低成本、提高运营效率，同时也催生了大规模定制、精准营销等新模式和新业态。由此可见，制造数据以及相关的大数据分析技术深刻地变革了制造业的生产要素，成为驱动智能制造、助力产业转型升级的关键。

区块链技术的出现和快速发展为智能制造进一步提供了崭新的数据管理思路，促进了区块链数据驱动的智能制造科学范式与方法体系的形成。基于区块链的制造数据管理可以打破不同制造企业之间的数据隔阂与壁垒、促进数据流动、降低数据收集成本、实现安全共享。具体说来，区块链在制造业数据管理方面的重要作用主要体现在数据共享、数据安全与隐私保护、数据溯源等方面。

本节将阐述区块链在上述方面的应用模式和实践案例。

4.1.1 数据共享

制造企业内部信息系统的纵向集成以及不同制造企业间基于价值链和信息流的横向集成，被认为是实施智能制造的重点任务，其目的是要实现智能制造业的数字化和网络化。现阶段，智能制造业拥有的数据资源在规模性、多样性和复杂性方面都远超其他行业，但到目前为止，制造数据的开采程度和信息流的集成规模还有很大的局限性，大量数据在工业制造的过程中源源不断地产生而无法得以有效的采集、分析和共享。其根本原因在于，随着物理空间和网络空间的深度融合，现代制造业数据越来越呈现出高度的动态性、开放性、复杂性、强耦合性和随之而来的不可预测性，使得制造业数据的采集和共享难度大大增加。因此，从全球应用现状看，制造业基本上是以纵向数据的采集和利用为主，缺乏横向数据的链接和共享。实际上，制造业需要经纬纵横的数据管理能力。

区块链技术是辅助实现制造业数据共享的有效手段。从技术特点来看，区块链技术使得互不信任的分布式制造实体或者组织"共享"同一份数据账本,通过共识算法实现区块链的协同"共治",最终"共建"一个安全可信的数据共享平台。另外,区块链难篡改、难伪造的特征保证了共享数据的完整性,完全契合智能制造对数据开源和共享的要求。

本节首先介绍现有文献中提出的数据共享基本模式,在此基础上介绍区块链技术在制造业数据共享中的作用。

1. 数据共享的基本模式

现有文献认为,依据数据传播方式的不同,数据共享有两种基本模式,即中心化模式和无中心化模式,如图 4-1 所示 [1]。

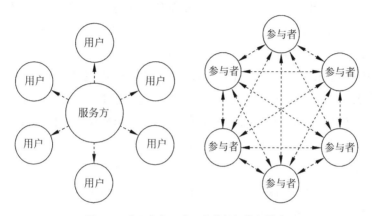

图 4-1　中心化与无中心化的数据共享模式

中心化数据共享模式的典型代表是客户机 – 服务器(Client/Server)和浏览器 – 服务器(Browser/Server)服务架构和应用模式,系统中存在用户和中心化的服务方两个固定角色。无中心化数据共享模式的典型代表则是各种 P2P 应用,系统中通常只有大量相互平等的参与者节点,不存在中心节点或者层级结构。数据共享的前提是数据资源的感知、采集和存储,即通过特定方式和技术手段将分散的数据资源组织起来。在中心化数据共享模式中,所有数据资源均被集中配置到中心节点,聚集形成数据资源中心。这种模式效率高,维护方便,数据一致性高,但可能存在性能瓶颈或者单点失效故障;相对应的,在无中心化数据共享模式下,所有数据资源将分散配置到各个参与者节点,每个节点(或者部分全节点)存储一个数据的完整备份,因而不会形成数据资源中心。这种方式的优势在于鲁棒性高、不存在单点故障,劣势则是可能存在共享时数据不一致、同步延迟高等问题。

依据数据资源聚集过程和组织方式的不同,可以对数据资源共享模式进行细分。按照数据资源聚集过程的不同，数据共享管理的有中心模式又可细分为两种：基于云的数据资源共享模式和基于 Web 的数据资源共享模式。这两种模式亦是当前智能制造产业常见的数据共享技术模式。基于云的数据资源共享模式常用于信息、情报和知识的共享，数据聚集过程大多数是由云平台主动采集而形成，数据内容以云用户的行为数据、交互数据、信息和知识为主。基于 Web 的信息资源共享模式则常用于社会媒体和数字内容的共享，数据聚集过程通常由分散的数据生产者创作并主动添加到中心数据平台，例如传统社会媒体的 Web 1.0 和 Web 2.0 模式均遵循这种模式，其区别在于 Web 2.0 向用户放开了写入和发布权限，使得用户同时成为内容的生产者和消费者[①]。

依据信息资源组织方式的不同，数据资源共享的无中心模式又可细分为三种，即混合式 P2P 网络、无结构 P2P 网络和结构化 P2P 网络[2-3]。

（1）混合式 P2P 网络：这是 Client/Server 和 P2P 两种模式的混合，反映了早期网络从 Client/Server 到 P2P 的过渡，其典型代表是 Napster（为音乐迷提供交流 MP3 文件的平台）。这种模式的典型特点是存在维护共享文件索引与提供查询的服务端（Client/Server 模式），但具体内容存储在用户硬盘中，内容的传送只在用户节点间完成（文件交换是 P2P 的）。由于服务端的存在，这种模式被认为不完全是去中心化的。

（2）无结构 P2P 网络：这种模式的特点是无固定网络结构，无中心节点；每个节点既是客户端也是服务端，节点地址没有统一标准，内容存放位置与网络拓扑无关，对等节点间通过客户端软件搜索网络中存在的对等节点，并直接交换信息。典型的无结构 P2P 网络协议如 Gnutella，它是纯粹意义上的 P2P 网络。

（3）结构化 P2P 网络：这种模式以准确和严格的结构来组织网络，一般采用哈希函数将节点地址规范为标准的标识，内容的存储位置与节点标识之间存在映射关系，可以实现有效的节点地址管理，精确定位节点信息。因为所有节点按照某种结构进行有序组织，所以整个网络呈环状或者树状，其典型代表是 Chord 和 Pastry 等。

2. 基于区块链的数据共享的基本模式

无中心化的 P2P 网络是实现分布式数据共享的典型网络模式。因此，作为架构在 P2P 网络上的新型分布式数据账本，区块链技术也自然而然地成为在分布式网络环境下实现参与者之间共享数据的重要方法和途径。

---

① https://blog.csdn.net/yh_wang_tiger/article/details/78919494?utm_source=blogxgwz0

区块链的本质就是分布式共享账本（Distributed Shared Ledger），是分布式节点共同维护的无中心化数据库。区块链技术以分布式节点的共识算法实现数据资源的核验和聚集，以数据区块的链表方式实现了数据资源统一存储，而以区块链账本的高冗余存储副本方式实现了数据资源在分布式节点之间的共享。因此，区块链技术本身兼具数据资源的聚集和共享功能，将区块链技术应用于智能制造是实现制造数据共享的可行方案。我们可以通过区块链网络的规模扩张来逐步实现更大范围的制造行业数据共享，通过更多的智能化感知设备、用户和企业加入区块链网络成为该网络中的共识节点和参与者，从而依规则共享区块链上的制造数据资源。

传统制造业以大型制造企业的集中式生产为主，数据是制造企业的私有财产，数据一般在企业内部通过统一的数据仓库或者大数据平台集中采集、处理、存储、应用以及内部流转，企业一般没有动机将自身数据共享给其他企业。然而，在现代制造业特别是智能制造模式中，传统的大型企业集中式生产将演进为大量中小企业的分布式协同制造，制造过程各个环节和产业链深度融合，使得通过数据共享消除信息孤岛、实现大规模协同制造成为迫切需要解决的首要问题。

基于区块链技术解决制造业数据共享问题，一般存在如下三种模式。

（1）基于联盟链的数据共享：联盟链是近年来区块链技术的热点课题，也是最易于落地应用的区块链模式。通常来说，智能制造体系中，同一联盟、同一行业、同一产业链的不同企业之间可以通过构建联盟链来实现数据共享。由于联盟链的参与者节点都是相对可信的核心节点，联盟链数据都是参与者节点共同生成和维护、且经过共识算法达成一致的，因此该模式的优势是共享范围精确可控、数据真实可信。这种共享模式通常可以应用于大型制造企业内部的跨部门数据共享，以及制造业联盟或者供应链上下游的企业间数据共享与协同生产。

（2）基于公有链的数据共享：公有链特别适合制造业数据的大规模开放和共享。一方面，大多数制造业应用只有通过公有链模式才能实现全球范围的数据共享平台，且由于公有链可由所有人开放访问，因而数据共享的规模大、范围广、影响力和社会价值高；另一方面，大多数公有链都会发行相应的代币激励，使得参与者更加有共享私有数据的意愿和动机，这对于构建数据共享生态来说是至关重要的。然而，公有链要求参与者节点同步存储所有数据，这对许多小型参与者或者轻量级设备来说非常困难，因此必然会产生类似比特币系统的少数全节点和大多数轻节点情况，加剧整个区块链的中心化趋势；

而且，公有链大多采用工作量证明（PoW）之类的资源密集型共识算法，这将不可避免地降低数据共享的效率和效果。

（3）基于跨链的数据共享：与前两种单区块链数据共享模式相比，跨链技术可以实现不同区块链之间（甚至是不同模态区块链之间，例如公有链和联盟链之间）的数据共享，彻底打破制造业的数据孤岛。现阶段，跨链模式一般包括公证人模式、中继模式和侧链模式三种实现方式；通过跨链技术，可以使得区块链和区块链之间实现数据互联互通，从而在不同区块链和节点之间共享数据。

4.1.2　数据安全与隐私保护

数据安全和隐私保护是智能制造在发展过程中必须保障的重要基础。智能制造的核心技术之一是制造业大数据分析，如果数据安全和隐私保护得不到保证，则可能会面临数据丢失、数据窃取甚至恶意篡改的风险，而在这种虚假数据甚至恶意数据的基础上通过大数据分析技术产生的智能也必然是"伪智能"，将为智能制造企业的生产管理和决策带来不确定性和安全风险。据互联网数据中心（IDC）数据统计，到2020年将有超过500亿的终端与设备联网，形成规模庞大的智能制造数据网。与此同时，智能制造的数据安全风险也日益增加，2015年国家信息安全漏洞共享平台共收录工控漏洞125个。制造业与信息物理系统已成为黑客攻击的主要目标，不仅将导致经济财产损失，还有可能造成潜在人员伤亡，甚至严重影响国家关键基础设施安全运行，引起环境问题和社会问题[①]。

1. 制造业中的数据安全与隐私保护问题

传统的数据库系统处理的是离散数据，而制造业中处理的一般是流式数据。流式数据具有实时性、连续性等特点，一旦被攻击，所有流式数据信息都会被窃取，严重危害制造业的数据安全。随着大数据、物联网以及工业互联网的结合与发展，制造业中的海量数据在数据存储和处理方面面临巨大的安全挑战[4]。制造业应用物联网技术，一般是通过传感器来获取数据，通过 MYSQL、ORACLE 等数据库进行存储，其他非结构化数据的存储则通过 Hadoop 分布式文件系统（Hadoop distributed file system，HDFS）、谷歌文件系统（Google file system，GFS）云存储等来实现。云存储是目前工业互联网常用的存储方法，但数据在使用时需要反复传输，导致中央云服务器的负荷

---

① http://www.sohu.com/a/213025842_999166602

极大，且数据的安全性得不到保证。制造业需要充分考虑数据的安全性和私密性，尤其在物联网的无线传输过程中，要防止数据被非授权用户所使用。

传统制造业在用户隐私方面有许多不足，特别是在物联网技术的发展与应用之下，数据传输的安全性也面临新的挑战[4]：①标签被嵌入任何物品，用户在没有察觉的情况下个人隐私被暴露；②射频识别系统对物品进行跟踪，使隐私受到破坏；③物品的详细信息在本地物品信息服务器（local information server of things，L-TIS）与远程物品信息服务器（remote information server of things，R-TIS）间传输，易受流量分析。RFID 装置、红外感应器、移动互联设备、GPS 定位系统能否对用户的隐私数据做到完全保密，这些信息是否被生产厂商所监控，都是制造业安全需要面对的重要问题。

2. 区块链实现数据安全与隐私保护

当前，制造业往往需要连接数以万计的设备，生产资料、设备管理、人员管理等数据在存储、处理和传输过程中，很难保证数据的安全与隐私。在工业互联网的大背景之下，制造业安全面临的最大挑战是当前服务器/客户端模式的生态架构，设备通过中心服务器进行连接识别，显然这种架构模式无法适应当今日益强大的工业互联网生态系统。区块链技术能够改善制造业安全的当前境况。将区块链技术的特点应用在制造业数据安全中，能够推动制造业的发展，降低制造业的数据安全维护成本。

区块链技术的最典型特点是无中心化，也是用在制造业数据安全中最广泛的特点。在区块链网络中，没有中心化的节点或管理结构，大量节点构成了一个无中心化的网络。网络中各项功能的安全维护取决于网络中所有具有安全维护能力的节点。各个节点之间没有管理机制，每个节点之间都是平等的。每个节点都有对完整数据库信息的记录。区块链网络中数据的验证、存储、维护和传输等过程都是基于分布式系统结构实现的，采用数学方法而不是中心机构建立节点之间的信任，因此区块链技术对于制造业的中心化结构有较好的优化作用。利用区块链无中心化的特点可以改善数据存储中心化、工业互联网结构中心化的现有状态，减少制造业对中心结构的依赖，防止由于中心结构的损坏导致整个系统的瘫痪。

由于区块链技术具有无中心化的特点，因此网络中节点之间的数据传输是去信任和开放的。区块链将所有数据和数据传输记录及处理日志都按照时间顺序存储在它的各个区块中。区块链使用者能够实时获得区块链中的全部数据，使得数据传输去信任化。区块链去信任化的特点能够用在制造业的互信机制中，使工厂、用户之间的交易更加透明化。

区块链也可利用非对称密码、零知识证明等密码技术对数据进行加密处理和保密传输。非对称密码学在区块链中有两个用途：①数据加密；②数字签名。区块链中的数据加密能够保证制造业中数据交易与传输的安全性，降低交易数据丢失的风险。区块链本身是将数据区块依靠哈希函数前后相连而成的分布式账本，依赖哈希函数的耐碰撞性和单向性，从而保障区块链数据的防篡改与防伪造的安全特性。此外，在必要情况下，区块链上还可以使用零知识证明、同态加密等密码技术保障机密数据的匿名性和隐私性。

4.2　身份管理

身份是区分不同实体的重要标识，而身份管理系统则是管理这些不同实体标识的信息系统。常见的身份标识信息（personal identification information, PII）包括名称、地址、职业、证件号码等。根据国际电信联盟（international telecommunication union，ITU）提出的身份管理标准，身份管理大致可以分为以下几个方面：用户对身份证明和账户隐私安全的保护；运营商、提供商的安全性和经济性需求；政府企业管理、公共服务需求；网络安全、公共政策需求；非政府组织隐私保护需求等。

4.2.1　身份管理：背景与问题

信息系统研究中，传统的用户身份管理一般是指对使用资源与服务的用户的身份信息进行标定、验证和维护，以便控制其对特定资源或信息访问的一系列可实施的技术。常见的用户身份管理服务包括用户身份生成、用户信息管理、单点登录、一次性身份删除、身份代理委托等。随着智能制造产业的信息化、自动化和智能化水平的提高，制造实体逐渐从物理空间走向虚拟网络空间，同一物理实体可能在网络空间中存在多个数字身份，如何实现统一的用户管理、身份配给和身份认证体系已经成为智能制造发展必须重视的问题。

通常来说，用户身份管理需要解决的关键问题包括[5]：

（1）体系结构，即针对业务模式选择系统的组织形式，诸如独立用户身份管理、联盟用户身份管理以及集中用户身份管理。

（2）信任模型，即为实现跨域访问和身份联盟定义统一的、可验证的协议，为用户和服务提供者建立互信关联。

（3）身份认证，即交互的一方或双方通过身份提供者或其他可信机制验证对方拥有声称的、可信赖的身份。

（4）隐私保护，即通过各种协议、标准和技术支持，保护用户隐私，在减轻用户和服务提供者维护身份负担的同时实现安全的单点登录或联盟认证。

传统的身份管理及信任服务往往采用典型的中心化管理结构，采用孤立的、集中式的身份管理系统，用户本身对自己的数字身份几乎没有控制。然而，中心化管理结构存在固有缺陷，即中心化导致的单点故障风险，一旦身份提供商发生故障、丢失数据或者遭遇恶意攻击或篡改，全部用户及其身份信息都将受到影响，降低可信度并带来实质上的安全风险。此外，由于身份认证和管理系统等基础设施都是相对独立地建设，彼此之间互不连通，导致无法实现全域统一身份认证，从而为企业间或者系统间的互操作带来不便，使得身份管理、保护和验证非常烦琐，同时也形成了众多"身份孤岛"。

总体来说，传统身份管理技术尚存在如下问题：①身份管理平台多样、不互通；②多维度身份认证体验差、管理难；③跨域身份管理的可信评估缺失；④异构环境权限管理困难；⑤网络实体身份的虚拟性导致监管困难；⑥身份隐私信息易被滥用和误用；⑦身份信息易被复制和伪造；⑧异构环境身份隐私数据共享难；⑨多态跨域网络实体行为综合分析困难 [1]。

4.2.2　基于区块链的身份管理

智能制造生态中，大量制造企业通过基于分布式网络的供应链协同生产，使得基于信任的分布式身份认证模型成为迫切需要解决的问题。分布式身份认证模型一般基于两个前提假设：首先是自主身份（self-sovereign identity），即制造实体（个人、企业、设备、资产等）可以完全拥有甚至控制自己的身份信息；其次是分布式信任，即分散的用户、身份提供者和中间媒介之间需要建立信任，使得所有各方可以使用一组商定的身份来验证和授权执行业务。显然，区块链技术的分布式、不可篡改的技术特点为实现基于分布式信任的去中心化身份管理提供了技术手段。

现有文献给出了区块链分布式身份管理系统与传统中心式身份管理系统的区别，如表 4-1 所示 [6]。

---

① https://www.secrss.com/articles/11532

表 4-1   区块链分布式身份管理系统与传统中心式身份管理系统对比

传统中心式身份管理系统	基于区块链的身份管理系统
身份拥有者（用户）	
★不拥有、不控制身份	√拥有身份的管控权利
★认证流程烦琐	√拥有身份的许可权利
★多认证设备	√分布式多中心一键式认证
★难以共享信息	√认证记录透明、不可篡改
★隐私保护困难	√身份细粒度安全分享
身份提供方	
★孤立，融合困难	√跨域分布式统一管理
★不能获利，主动性差	√不可篡改记录确保利益
★跨域认证声明撤销不便	√全局账簿统一撤销
★跨域验证声明时间长	√智能合约快捷跨域认证
依赖方	
★认证成本高、昂贵	√分布式统一管理降低成本
★参差不齐的用户体验	√统一服务接口提高体验
★满足国际标准成本高	√智能合约安全验证
★低效、复杂的手动流程	√符合国际标准

　　区块链的去中心化结构能够很好地解决传统的身份管理机制中存在的过分依赖第三方的问题，为构建分布式身份管理体系提供了新思路。在区块链系统中，不存在可信第三方，人人都可以参与记账，共同维护身份数据库。用户的身份信息被加密存储在区块链上，具有安全性和不可修改性，而密钥只有用户本人知道，真正实现了用户的身份属于用户自身，消除了身份信息被泄露的隐患。

　　总体而言，区块链的技术组件能够很好地支持构建和运行可信的数字身份网络，包括：

- 区块链是各方共享的统一数字账本。数字身份存储于该账本，可以被所有区块链节点实时同步和共享。

- 智能合约技术可以保证经过验证和签名的业务逻辑能够在每个事务中可信执行。

- 参与者之间能够就账本上的数字身份信息达成全网一致共识，从而促进信任。

- 区块链固有的安全和隐私保护技术有助于控制身份信息的访问权限。

4.3　访问控制管理

4.3.1　智能制造的访问控制管理难点

智能制造生态系统中有数量众多的终端设备，小如传感器、智能手机、智能摄像头和可穿戴设备，大如智能汽车、智能机器人和生产线等。这些终端设备虽然计算和存储能力各异，但是这些计算和存储能力主要是为制造业设备自身的业务功能所服务的，无法为访问控制提供足够的计算和存储能力，因此智能制造中的访问控制多是将大数据量的计算和存储放在资源受限的制造设备之外执行。

智能制造环境下（特别是物联网环境下）的访问控制需要考虑以下问题[7]。

（1）智能制造终端节点设备轻量级的问题：智能制造（特别是物联网）终端设备的计算和存储能力一般较弱，而且这些计算和存储能力主要是为智能制造设备自身功能服务，无法存储大量数据和进行大计算量任务，甚至有些传感器节点没有存储和计算能力。

（2）智能制造海量终端节点的问题：智能制造系统中具有大量终端节点，随之而来的还有终端节点种类和其产生的数据较多的问题。

（3）智能制造动态性的问题：部分智能制造终端节点具有移动性，因此需要考虑节点移动性和节点动态接入的问题。

4.3.2　基于区块链的访问控制模型

现有文献中鲜见针对智能制造的区块链访问控制模型。针对智能制造系统中常见的物联网环境，现有文献总结出两类基于区块链的访问控制模型[7]，分别是去中心和有中心的区块链访问控制模型。为便于参考和借鉴，此处简单概述这两种模型。

1. 去中心的区块链访问控制模型

去中心的区块链访问控制模型的核心思想为：资源拥有者先将资源的访问控制策略发布在区块链中，然后当资源请求者想要访问该资源时，直接向区块链中的访问控制策略请求权限，由区块链中运行的访问控制策略决定是否授予访问权限。区块链在访问控制中的作用不仅是存储访问控制策略和权限交易信息，而且提供自动执行访问控制策略进行权限授予等功能。具体流程如图 4-2 所示。

（1）资源拥有者 o 为资源 r 生成访问控制策略，并将其发布在区块链中。

（2）区块链收到访问控制策略后进行验证，验证通过后将其存储在区块链中。

（3）资源请求者 q 想要访问资源 r，向区块链发送请求访问交易。

（4）区块链收到请求访问交易后根据访问控制策略决定是否授予 q 访问权限。

（5）若区块链中的访问控制策略同意授予 q 访问权限，则返回访问权限。

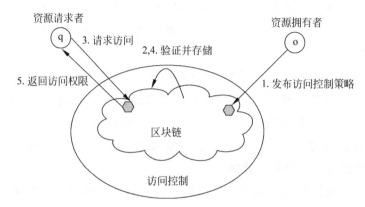

图 4-2　去中心的区块链访问控制模型

2．有中心的区块链访问控制模型

有中心的区块链访问控制模型的核心思想为：仍然存在中心化的授权服务器，资源请求者先向授权服务器发送访问请求，若访问控制策略同意，则向区块链发布授予访问权限的交易，区块链记录了该访问权限并通知资源请求者，资源请求者访问资源时需先告诉区块链使用该访问权限。区块链在访问控制中的作用是记录权限拥有者以及提供权限转移功能。

具体流程如图 4-3 所示。

（1）资源拥有者 o 向授权服务器发送资源 r 的访问控制策略。

（2）资源请求者 q 向资源 r 的授权服务器发送请求访问的消息。

（3）若授权服务器中的策略同意则向区块链发送授予 q 访问资源 r 访问权限的交易。

（4）区块链对收到的授权或交易进行验证，验证通过后存储在区块链中。

（5）区块链验证通过后通知 q 取得访问权限。

（6）q 向区块链发送交易使用访问权限。

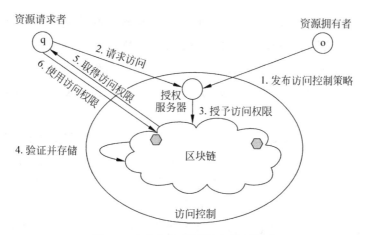

图 4-3　有中心的区块链访问控制模型

相比较而言，去中心的区块链访问控制模型的优点是将访问控制策略存储在区块链上，充分利用了区块链去中心化的特点，可以避免中心化系统由于单点故障或者安全风险而导致系统崩溃的问题；而有中心的区块链访问控制模型则将访问控制策略运行在授权服务器中，将权限的授予和适用信息存储在区块链上，这样可以避免区块链性能问题影响整体系统的访问控制效率，缺点则是无法保证授权服务器的公正性和安全性，且由于中心化授权服务器的存在，系统依然存在单点故障问题。

4.4　应用案例

区块链技术在智能制造行业的应用实践尚处于起步阶段，虽然各种应用模式百花齐放，但都是小规模探索，有显示度的"杀手级"应用场景并不多见。本节将结合区块链在数据管理、身份管理和访问控制管理等领域的应用现状，重点介绍两个典型案例。

4.4.1　物信链

物信链（cyber-physical chain，CPChain）是一个基于区块链的物联网新型基础架构，旨在为物联网系统构建一个基础数据平台，为海量物联网数据的采集、存储、共享和应用提供一个全过程的解决方案。CPChain 将突破物联网系统中区块链应用的核心底层技术，从数据存储与计算和共识协议两个层面提出系统的解决方案，解决区块链技术应用于大规模物联网系统的可扩展性和实时性瓶颈问题，包括平行分布式架构解、两层混杂共识机制和轻量级侧链共识协议等关键技术。CPChain 的核心特点是实现信息与物理系统价值的传递，为物联网中数据的共享和交易提供基础设施。在 CPChain 上，企业用户可以构建数据聚合和实时数据流应用程序，以最大化物联网数据的价值[①]。

CPChain 系统构成如图 4-4 所示，通过将区块链底层的分布式数据储存，点对点网络与物理设备相联通，通过智能合约的设计完成控制与交互。系统将应用于智慧城市、智慧家庭、物流管理等一系列场景中。CPChain 系统由物理层、数据层、合约层、应用层和控制层组成。区块链被用作垂直控制层来监督数据交互。物理层是 CPChain 中数据采集的基础，包括智能手机、传感器、数据网关等设备。加入 CPChain 网络的智能设备需要运行一个区块链节点或与区块链网络进行通信。同时，它还充当分散应用程序的运行环境，处理加密、共识和其他功能。数据层处理主数据，针对不同应用设计不同的数据结构和压缩算法，提高数据读写效率，原始数据无需上传至区块链网络。仅哈希值（作为数据和凭证的唯一标识）需要上载，以增强数据完整性和准确性。原始数据在用户端进行加密，并存储在分布式哈希表（DHT）中。合约层是系统功能的核心。由于智能合约已部署在区块链上，因此很难更改合约规则。因此，

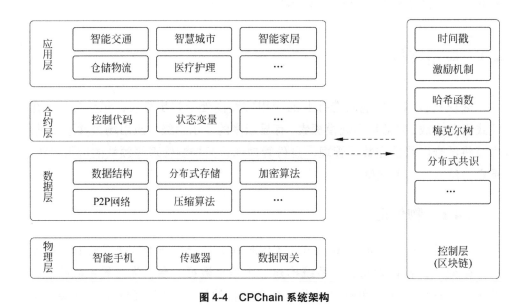

图 4-4　CPChain 系统架构

---

① https://www.cpchain.io/

智能合约的设计应简单明了，并且应在应用程序层中放置更多交互功能。应用层是用户和合约交互之间的接口，可以根据不同的需求进行开发。控制层的功能通过区块链完成[1]。

CPChain 的分布式基础设施将为大规模分布式物联网系统的数据采集、存储、共享和交易提供完整的流程解决方案。基于 CPChain，物联网传感器采集真实数据后，可以将其发送到区块链中验证与储存，统一数据标准，并将其充分利用到物流追踪、供应链金融等各个方面。同时，借助区块链，用户可以将命令下达到相应的设备，保障控制的安全可靠。根据其在官网发布的白皮书显示，CPChain 不仅可以应用于物联网环境下的数据管理，同时可以应用于去中心化的身份认证与管理，可有效降低不同中心化认证系统的互联互通成本，帮助用户快速且安全地实现身份认证。此外，CPChain 还可应用于智能出行、智慧医疗、公共安全等应用场景，并在无感停车、共享充电、药品溯源等领域实现了落地应用案例。

4.4.2　MedRec 系统

MedRec 是一款由麻省理工学院研究团队开发的、基于区块链技术实现的医疗数据访问控制权限管理系统。MedRec 系统可以为用户提供一个新颖的、分散的记录管理系统，使用区块链来保存管理电子病历。所有储存在这个系统中的日志具有全面且不可更改的特点。

（1）用户能够通过系统轻易访问自己的信息。

（2）利用独特的区块链属性，以及内含的认证系统、保密系统和问责系统，能够在处理敏感信息时为用户提供强大的保密技术。

（3）模块化的系统设计使其可以很好地与本地数据库相集成，从而实现互操作性，整个系统运行将更为合理与便利[2]。

如图 4-5 所示[8]，MedRec 框架包括三个层次的合约：挂号合约（registrar contract，RC），用来管理病人身份信息；医患关系合约（patient provider relationship，PPR），用来进行数据的权限管理；总结合约（summary contract，SC），将病人的身份信息与权限信息相关联。

MedRec 框架通过将智能合约与访问控制相结合来进行自动化的权限管理，实现了对不同组织的分布式医疗数据的整合和权限管理。其中，挂号合

---

① https://cpchain.io/download/CPChain_Whitepaper_English.pdf/

② https://www.jkbdgw.com/h-nd-3.html

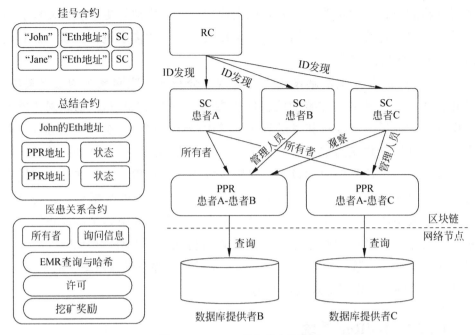

图 4-5　MedRec 的智能合约框架

约将患者的身份字符串放到区块链的地址上，相当于公共密钥。医患关系合约定义了一系列数据指针和关联的访问权限，用于识别由医护人员持有的记录。每个指针由一个查询字符串组成，当其在医生的数据库上执行时，将返回一个患者数据的子集。在整个系统中，该合约起到在区块链中发布新的合约信息的作用，即医生节点向区块链提交一份记录上传申请。总结合约用于患者访问数据库查找他们的病历历史。它包含一个对医患关系合约的参考列表，表示所有参与者之前和当前与系统中其他节点的交互。

当患者通过其节点访问数据库时，需要先向医生节点提供申请，医生节点中的数据库看门人（database gatekeeper）会审核申请的合法性，再通过总结合约对数据地址进行定位访问。记录信息存储在医生现有的数据库系统中，并且通过 MedRec 以太坊客户端和后端 API 库将对数据的哈希引用（具有适当的查看权限）发布到区块链中。在数据库看门人检查区块链以确认其访问和所有权后，病人可以从提供者的数据库检索并下载这些数据。

MedRec 智能合约结构可作为"医疗目录和资源定位"的一个模型，使用公钥加密，并启用了来源和数据完整性的关键属性。这种区块链目录模型通过对智能合约进行有状态更新，支持在其整个生命周期内大幅增长与变化、增加新参与者和改变组织关系的能力 [①]。

　　MedRec 框架的优点是基于区块链技术实现了跨医疗组织的医疗数据的去中心化整合，使得医疗数据真正由病人自己控制，依据合约，医疗组织无法在未征得病人同意的情况下私自使用病人医疗数据，有效地实现了对病人隐私数据的保护。

参考文献

[1]　王跃虎 . 基于区块链的信息资源共享系统研究 [J]. 图书情报导刊，2018，(5)：42-47.

[2]　袁勇，王飞跃 . 区块链理论与方法 [M]. 北京：清华大学出版社，2019.

[3]　王学龙，张璟 . P2P 关键技术研究综述 [J]. 计算机应用研究，2010，27(3)：801-805，823.

[4]　张玉婷，严承华，魏玉人 . 基于节点认证的物联网感知层安全性问题研究 [J]. 信息网络安全，2015，15(11)：27-32.

[5]　陈茂隆 . 云计算平台下用户身份管理系统的设计与开发 [D]. 天津：天津大学，2012.

[6]　陈宇翔，张兆雷，卓见，等 . 基于区块链的身份管理研究 [J]. 信息技术与网络安全，2018，37(7)：22-26.

[7]　史锦山，李茹 . 物联网下的区块链访问控制综述 [J]. 软件学报，2019，30(6)：1632-1648.

[8]　刘敖迪，杜学绘，王娜，等 . 区块链技术及其在信息安全领域的研究进展 [J]. 软件学报，2018，29(7)：2092-2115.

---

① 　https://m.hexun.com/iof/2018-03-01/192530685.html

第 5 章

基于区块链的
分布式制造

————

　　传统制造模式为控制成本和提高效率，常采用标准化、集中化的大规模生产和大规模定制方式，在这种方式下，企业配置相对固定，难以被修改、扩展和集成；产品配置相对有限，难以满足用户个性化需求；系统柔性较差，难以满足生产任务管理的动态性和不确定性[1]。近年来，随着全球市场的形成和数字经济时代的到来，产品市场和客户需求被不断细分，全社会分工协同网络不断完善，客户主导的个性化、差异化产品研发成为趋势，精细化、模块化的分工协同生产在大数据、物联网、云计算、人工智能、3D打印、RFID等新兴技术的支持下成为可能和趋势。由此建立的分布式制造系统、再分布式制造系统和云制造系统等协同制造模式能够有效突破地理限制，充分连接社会资源，深度挖掘长尾效应价值，增强企业生产柔性及核心竞争力并帮助实现循环经济和智能化生产模式。

　　新兴的协同制造模式虽然前景广阔，但在实现构建时需要满足生产技术、配套服务、基础设施、人才储备等多维度要求，特别是随着相关子技术的逐渐成熟，始终缺乏一个足够规模、高度联通、安全可信的数字基础设施以高效地集成所有关键技术和核心要素。区块链作为近年来广受关注的一种全新的去中心化基础架构与分布式计算范式，具有去中心化、时序数据、集体维护、可编程和安全可信等特点[2]，有望成为集成以上协同制造系统各智能组件和组织机构的理想数字基础设施。更进一步地，结合运行在区块链上的智能合约技术，可优化现有的组织管理方式，构建可编程资产、系统和社会，实现安全高效的信息交换、价值转移和资产管理，最终深入变革传统商业模式和社会生产关系。

　　本章将首先分别阐述分布式制造和云制造模式的定义及发展现状，研究难点及相应的区块链解决方案；随后给出两个基于区块链的分布式协同制造的综合应用案例。

5.1　区块链+分布式制造

5.1.1　分布式制造：定义与现状

如果将人类利用工具或机器转换材料的过程称为制作（make），那么，当制作的成果满足一系列以创造价值为目的的预先设定的计划时，制作转变为生产（produce）；当生产的成果被高度标准化地、有组织地大量创造时，生产转变为制造（manufacture）；当制造的成果在多个分布式站点或代理间以标准化质量被个性化定制时，制造转变为分布式制造（distributed manufacture）；当分布式制造系统可响应生态需求，重新分配分布式站点或代理的制造地点、规模、标准、价值、风险和责任时，分布式制造转变为再分布式制造（redistributed manufacture）[3]。考虑到在相关文献中分布式生产和分布式制造常常互换使用，而再分布式制造现阶段可认为是基于分布式制造的衍生概念，本章内将不再对这三个专有名词作区分，只将其统称为分布式制造。

总的来说，分布式制造系统（distributed manufacture system，DMS）是由小规模制造单元基于物理、数字、通信等新兴技术组成的生产系统，通过实现制造设施的本地化和供应链参与者的全面沟通，促进客户主导的按需生产，提高系统的灵活性、适应性、敏捷性和鲁棒性[4]。其定义在不同领域中的侧重和特点有所不同，表 5-1 为本书对 Jagjit Singh Srai 等整理的分布式制造系统在经济、企业、供应链、社会、可持续性五个领域相关文献中的定义的整理[5]。分布式制造可视为分布式经济的基础，不同地区根据当地需求采用不同的生产模式和创新发展战略，并同时组成灵活的网络结构；企业通过分布式网络共享技能和知识，中小型企业通过授权形成虚拟企业实现全球化生产和大规模定制；灵活的分布式节点描述方式将简化供应链，提供敏捷性和可伸缩性；客户主导的按需生产将模糊供求界限及身份差异，影响社会生产关系；可自主设计的材料和能源使用方式有利于可持续性生产。

表 5-1　分布式制造系统在不同领域相关文献中的定义

作　者	视　角	定义总结
Kohtala（2015）	经济	与传统的、具有长线性供应链的、大规模集中化生产和消费的模式不同，分布式制造符合分布式经济的概念，以可持续发展的精神，根据本地需要，利用本地资源，采取不同创新发展战略，促进构建灵活和小规模的本地社会经济参与者网络
Johansson（2005）		分布式经济（生产）目前被描述为一种可以在不同区域实施不同创新发展战略的最好愿景。类似或互补的方案可以汇集到网络中以提供规模灵活的优势，快速实现则提供了利用大学和研究机构潜在创新知识的手段。分布式经济语境中的区域可在分布式经济环境中被视为能够创造团队精神的联合操作实体，团队精神最终可以通过独特的品牌概念加以识别和进一步商业化
Leitao（2009）	企业	分布式制造模式下，企业通过网络共享技能和知识运作以实现全球生产。中小企业被授权形成虚拟企业，参与供应链。在这种制造和大规模定制中隐含着灵活性、敏捷性和更强的客户导向
Kohtala（2015）		分布式制造是一类以自治、灵活性、适应性、敏捷性和去中心化为特征的制造系统
Windt（2014）		分布式制造有两种含义：一是指在一个企业地理分散的生产地点创造价值，二是在分布式制造系统（DMS）语境下的一类专注于内部制造控制，具有共同特性（如自主性、灵活性、适应性、敏捷性、分散性）的制造系统
Kohtala（2015）	供应链	分布式制造标志着消费和生产模式从长线性供应链的转变，敏捷性是关键特性，分布式节点将为生产网络提供更强的鲁棒性
Kohtala（2015）	社会	在分布式制造中，生产者和消费者的界限开始模糊并出现产消者这一新术语，产消者能够比大规模生产时期的生产者更大程度地参与产品的设计和生产。大规模定制中的个性化选择需求将极大地扩展生产代理、生产集成和生产输入的形式，甚至允许产消者在本地小规模数字制造设备的辅助下自行实现个人设计
Benkler（2006）		网络环境使组织生产呈现新形式：彻底的去中心化、协作化和非专有化，其基础是在广泛分布、联系松散的个体之间共享资源和产出，这些个体依靠市场信号或管理命令相互合作，基于常识和协议对等生产
Kohtala（2015）	可持续性	分布式制造是一种能适当、负责和公平使用原料和能源的设计和生产方式

工业经济时代，为控制成本、提高利润、保证效率，常采用标准化、规模化、集中化的生产方式：企业以固定的生产设备生产固定的产品，产品以固定的生产标准在固定的生产过程下生产，企业难以修改、扩展、配置和集成，产品几乎不支持个性化定制，系统柔性差，对于生产过程中的突发事件处理能力较弱。特别是随着全球市场的形成，生产任务管理常面临着订单随机性大、生产计划制定困难、生产过程动态性强、生产过程中不确定因素多和多种产品均衡生产困难等问题[6]，传统的集中化的生产方式已经难以满足任务管理的动态性和不确定性。

而在数字经济时代，市场和产品需求被不断细分，全社会分工协同网络不断完善，客户主导的个性化、差异化产品研发成为趋势，精细化、模块化的分工协同生产在区块链、大数据、物联网、云计算、人工智能、3D 打印等新兴技术的支持下成为可能。由此建立的分布式制造系统能够有效突破地理限制，充分连接社会资源，包容客户生产需求，增强企业生产柔性，较好满足生产任务管理系统对信息传递及时性、控制结构灵活性和协同性的要求，为循环经济、自动化生产到智能化生产奠定基础。

具体来说，分布式制造系统的主要特征为数字化、本地化、个性化、民主化和可持续[5, 7]：全生产周期和物流运输的数字化集成将允许产品以虚拟的形式存在，并在本地生产资源可用、生产技术可访问的情况下，不受地理位置限制、满足品质要求地生产；当生产不受地理限制，企业和个人可通过数字共享获得虚拟产品后更多地依赖本地企业、本地资源和本地服务进行生产，从而缩小生产规模、降低生产成本、减少潜在的商业风险；产品的数字化设计和共享将促进数据驱动的开放创新，开源的设计制作平台将允许用户驱动的产品开发与本地市场需求相协调，从而支持大规模多样化产品按需定制；个性化协作生产模式下，生产流程中各利益相关者的职能被重新分配，客户成为价值的共同创造者，在设计和生产过程中有更高的参与度[8]，以分布式所有权、分布式知识、对等生产、共同创造为特点的分布式商业模式成为必然，完整的生产价值链将走向民主化；生产成本的降低，资源的充分利用，本地化的就业机会，民主化的组织方式等将有利于组织和企业实现经济、生态、社会和政治的全维度可持续发展，创造更多长期价值，占据长期竞争优势[9]。

Dominik T. Matt 等[10]归纳了八种现今存在的和未来可能的分布式制造系统设计模式，本书将其定义和特征总结如表 5-2 所示。

表 5-2　分布式制造系统设计模式

序号	类　　型	定义及特点
1	标准化可复制模型工厂	已严格定义的标准化生产单位在全球分布式地点中复现已严格定义的标准化产品的副本。这是目前大多数生产场景的写照
2	模块化可扩展模型工厂	可按需配置的模块化生产单位在全球分布式地点中复现已严格定义的标准化产品的副本
3	灵活可重构模型工厂	可按需配置的模块化生产单位在全球分布式地点中复现已定义的不同但相似产品的副本
4	可变更智能模型工厂	具有自适应和自优化能力的模块化生产单位组成智能工厂网络在全球分布式地点中复现已定义的不同但相似产品的副本，产品本身可决定何时在何机器上以何数量生产
5	工业化合约制造的服务模型	具有生产能力的生产服务提供者（智能工厂）与客户通过"生产中介"（Production Intermediaries）达成协议，按照客户需求以相似生产步骤生产不同规模的产品
6	可移动无地理限制模型工厂	客户在需求或消费现场（本地）临时使用功能齐全的移动小型工厂或移动生产单元，降低生产成本和物流费用
7	生产许可模型	分布式制造单位获得终端许可后在许可网络中以一定的灵活性和自适应性生产产品，适合于期待快速扩张的初创企业
8	实验室增材制造模型（云制造）	从运输、销售实体产品转为传输、销售产品数据，按照个性化产品数据在本地分布式实验室或工厂中使用高性能 3D 打印机生产产品，依靠合格人才组装和精加工，是最理想的分布式制造系统

5.1.2　分布式制造的区块链解决方案

分布式制造系统的实现需要满足生产技术、配套服务、基础设施、人才储备等多维度要求。近年来，随着科学技术的发展和人才教育的普及，分布式制造系统的相关技术正逐渐成熟，唯独缺乏一个足够规模、高度联通、安全可信的数字基础设施以高效集成所有关键技术和核心要素。由此导致当前的分布式制造系统大多为标准化可复制模型工厂，普遍存在信息不对称、资源不共享、互动不通畅、响应不迅速、交易费用高、企业自主核心能力弱等问题。区块链作为一种全新的去中心化基础架构与分布式计算范式，具有去中心化、时序数据、集体维护、可编程和安全可信等特点[2]，有望成为集成分布式制造系统各智能组件和组织机构的理想数字基础设施。通过回顾研究文献[5，11，12]，我们将分布式制造难点分为互操作与协作难点、安全性与监管难点、市场化与协议难点、民主化组织治理难点与全球化价值链治理难点五类，以下将分别介绍并给出相应的区块链解决方案。

难点一：互操作与协作难点，包括中小型企业接入困难、多主体交互困难、任务规划困难和资源调度困难。

现实生活中，占据行业领先位置的大型企业往往更易结成联盟以垄断相关技术和市场，中小型企业受生产能力和资源限制难以接入并形成有竞争力的分布式制造系统；分布式制造系统中一般存在多个具有不同生产能力的主体，当他们在分布式地点完成生产任务时，往往需要即时高效的交互网络帮助准确传递生产信息，合理规划生产任务，无冲突充分利用资源，以降低生产成本，提高产品质量，规避生产风险，而由于生产任务难以追踪、网络一致性难以保证等问题，此类分布式调度问题一向是分布式系统控制的难点。

区块链解决方案：区块链本身就是一个规模足够大的分布式网络，特别是面向全球所有用户的公有区块链更是允许任何人在其中读取公开数据和发送交易，其 P2P 的组网方式意味着网络中每个节点均地位对等且以扁平式拓扑结构相互联通和交互，不存在任何中心化的特殊节点和层级结构，中小型企业可不受企业本身生产能力约束地自由接入网络并承担生产任务。同时，区块链系统的共识机制可有效解决网络的一致性问题，公开可查、不可篡改的分布式账本保证了所有信息的可靠性和生产任务的可追踪性，根据链上数据建立的规划系统可避免资源冲突问题并在准确及时的信息指导下完成决策任务。

难点二：安全性与监管难点，包括身份认证困难、数据安全存储与共享困难、知识产权等法律权利维权困难和监管审计困难。

随着分布式制造系统规模逐渐扩大，数据泄露和身份盗窃等现实困境将使得节点身份认证日益困难，虚假节点和恶意节点的加入将危害诚实节点的利益。同时，随着分布式制造系统逐渐向实验室增材制造模型（云生产）进化，实体产品的运输逐渐转为产品数据的传输，包含全部关键信息的数据的安全存储和共享至关重要，只有知识产权、所有权等法律权利归属明确的数据交易环境才能为企业及个人提供自发参与数字化、本地化、个性化开放创新和共同创造的根本动力。另外，分布式制造系统中多归属地上多利益集团的交互将导致监管和审计的取证困难。

区块链解决方案：基于区块链已开发出许多数字身份认证系统，如 IDhub[①]、MyCUID[②]、e-Resident[③] 等；数字版权认证及交易系统，如版权家[④]、原本[⑤]、小犀版权链[⑥] 等；电子凭证系统，如络谱区块链登记开放平台[⑦]、壹账链[⑧]、IP360[⑨] 等。分布式制造系统可以直接集成这些系统以解决身份认证困难、知识产权等法律权利维权困难和监管审计困难。而对于数据安全存储与共享困难，利用区块链本身的加密算法即可实现数据的加密传输和存储，同时，区块链及智能合约技术也可优化分布式制造系统的关键技术——物联网和供应链，为物联网提供可信交互环境，实现复杂流程的自动化，为供应链提供实时可见性，降低欺诈和盗窃风险，保证安全与效率[13]。

难点三：市场化与协议难点，包括单一用户参与困难、生产中介难以接入、个性化协议难以达成、生产风险难以归责等。

在理想的分布式制造系统中，客户将主导产品的设计、质量和规模，当单一用户难以加入分布式制造系统独立地与相关生产单元达成合法合规的生产协议时，产品的个性化程度将受到极大限制，特别是在工业化合约制造的服务模型、可移动无地理限制模型工厂和实验室增材制造模型（云生产）下，对于生产中介、个性化协议、订单协商市场的需求尤其迫切。目前尚缺乏可连接设计师、生产单元、生产中介和终端用户的交互市场，生产中介作为一种未来职业仍需数字化，订单协议还需以更自由、更规范、更简洁、更智能、更可信的形式拟定，否则将使得生产风险难以合理归责。

区块链解决方案：区块链智能合约是一种无需中介、自我验证、自动执

---

① http://www.idhub.network/cn/

② https://www.culedger.com/solutions/mycuid

③ https://e-resident.gov.ee

④ https://www.bqj.cn/index.html#/

⑤ https://www.yuanben.io/

⑥ https://www.xichain.com.cn/browser/

⑦ https://www.brop.cn/

⑧ https://baas.yizhangtong.com/home

⑨ https://www.ip360.net.cn/index

行合约条款的计算机交易协议，具有去中心化、去信任、可编程、不可篡改等特性，可灵活嵌入各种数据和资产，帮助实现安全高效的信息交换、价值转移和资产管理，最终有望深入变革传统商业模式和社会生产关系，为构建可编程资产、系统和社会奠定基础[13]。基于区块链的分布式制造系统可采用智能合约代替传统合约，类比现有的去中心化交易市场 ECoinmerce①、Slock.it② 等建立个性化订单协商市场，供单一用户发布订单和签订合约。同时，由于运行在区块链上的各类智能合约可看作是用户的软件代理（或称软件机器人），智能合约本身即可视为数字化的生产中介或传统分布式系统调度问题中基于代理（agent）方法的数字化，其不可篡改、自动执行的特性将有利于生产风险归责。

难点四：民主化组织治理难点。

分布式制造系统带来了一种全新的产品生产、购买和使用模式，随着制造流程中各利益相关者的职能被重新分配，完整价值链走向民主化，新的组织形式和商业模式必然出现，相关治理结构又该如何进化？一切都存在高度的不确定性和模糊性。然而，可以肯定的是，目前中心化、自上而下"金字塔型"的组织管理架构尚存在机构臃肿、管理层次多、管理成本高、责任界定不明、信息传递不畅、上层权力集中、下层自主性小、创新潜能难以有效释放、不同组织难以协调等问题，显然难以有效适用于分布式系统的管理。

区块链解决方案：基于区块链和智能合约技术，可演化出各类去中心化自治组织（DAO，亦称去中心化自治企业，DAC）和去中心化自治社会（DAS）。以 DAO 为例，智能合约可以将管理规则代码化，代码设定完成后，组织即可按照既定的规则自主运行。组织中的每个个体，包括决策的制定者、执行者、监督者等都可以通过持有组织的股份权益，或提供服务的形式来成为组织的股东和参与者。DAO 使得每个个体均参与组织的治理，从而充分激发个体的创造性，降低组织的运营成本，减少管理摩擦，提高组织决策民主化。此外，编码在智能合约上的各项管理规则均公开透明，也有助于杜绝各类腐败和不当行为的产生。分布式制造系统作为天然的去中心化组织有潜力依托 DAO 实现智能自治。

---

① https://www.ecoinmerce.io/

② https://slock.it/

难点五：全球价值链治理难点。

全球价值链是指为实现商品或服务价值而连接生产、销售、回收处理等过程的全球性跨企业网络组织，涉及从原料采集和运输、半成品和成品的生产和分销，直至最终消费和回收处理的整个过程，它包括所有参与者和生产销售等活动的组织及其价值、利润分配。当前，散布于全球的、处于全球价值链上的企业进行着从设计、产品开发、生产制造、营销、出售、消费、售后服务，到最后循环利用等各种增值活动[14]。不同的价值链应该有不同的运行规则和治理框架以指导产业升级，提高经济效益。分布式制造系统将改变现有全球价值链的主要驱动力、经济组织结构、价值增值机制等，因此需要一个更扁平、简洁、精确和统一的分析治理框架。

区块链解决方案：区块链技术作为全球共享的分布式账本，可在传递信息的同时传递价值，在一定程度上解决了价值传输过程中的完整性、真实性、唯一性问题，降低了价值传输的风险，提高了传输的效率，有望像互联网一样彻底重塑人类社会活动形态，实现从目前的信息互联网向价值互联网的转变[①]。Token 是区块链网络上的价值传输载体，借助 Token 体系，区块链能够将所有参与者对分布式制造系统及其全球价值链的贡献量化并自动结算，给予相应奖励，使得全体参与者公平地共享系统价值增值，同时，由此催生的"Token 经济""共享经济"及"社群经济"等新兴经济组织机制也将为分布式制造系统中全球价值链的进化和治理提供更多可行方案。

5.2 区块链＋云制造

5.2.1 云制造：定义与现状

为应对日益激烈的商业竞争，解决现有网格化制造模式的应用难点[15]并开展更大规模的协同制造，李伯虎院士于 2010 年首次提出了云制造（cloud manufacturing）的概念，并将其定义为"一种利用网络和云制造服务平台，按用户需求组织网上制造资源（制造云），为用户提供各类按需制造服务的网络化制造新模式，它将现有网络化制造和服务技术同云计算、云安全、高性能计算、物联网等技术融合，实现各类制造资源（制造硬设备、计算系统、软件、模型、数据、知识等）统一的、集中的智能化管理和经营，为制造全

---

① 2018 年中国区块链产业白皮书，http://www.miit.gov.cn/n1146290/n1146402/n1146445/c6180238/part/6180297.pdf

生命周期过程提供可随时获取的、按需使用的、安全可靠的、优质廉价的各类制造活动服务"[16]。随着研究的推进，这个概念被进一步扩展，李春泉等认为"云制造是一种基于网络面向服务的制造新模式，它依托云计算及网络化制造技术，以按需服务为核心，以资源虚拟化及多粒度多尺度访问控制为手段，以资源共享及任务协同为目标，以分布、异构、多自治域的资源或资源聚合为云节点，透明、简捷、灵活地构建开放、动态的协同工作支持环境，提供通用、标准和规范的制造服务"[17]。Xu X 则从云计算技术视角出发，将云制造定义为一个用于支持制造软件、制造设备、制造能力等可配置制造资源共享池随时、便捷、按需访问的模型，该模型可以最少管理任务和服务交互快速部署和释放资源[18]。

目前，尚未形成公认的云制造定义，不同学者对云制造的理解不同，然而，他们普遍认为，云制造要以云计算等先进信息技术为基础，贯彻"制造即服务"的思想，将制造资源和制造能力转化为可全面共享和流通的制造云服务，并以云制造平台为中心对云服务进行集中管理和运行，最终实现云用户对制造服务的按需使用[19]。通过封装计算资源，云计算提供了三种服务模型，包括基础设施即服务（infrastructure as a service, IaaS）、平台即服务（platform as a service, PaaS）和软件即服务（software as a service, SaaS）等，云制造在其基础上进一步封装了制造的全生命周期中所需的制造资源和能力，提供了实验即服务（experimentation as a service, EaaS）、设计即服务（design as a service, DaaS）、管理即服务（management as a service, MaaS）、制造即服务（manufacturing as a Service, MFaaS）、维护即服务（maintenance as a service, MAaaS）、集成即服务（integration as a service, INTaaS）和仿真即服务（simulation as a service, SIMaaS）等服务模型。图 5-1 为云制造流程示意图[20]，在云制造模式下，供应商提供的制造资源、制造能力和多学科知识被转化为虚拟服务汇集在云制造平台上，通过预定义规则，这些服务可以被分类、聚合、访问、调用和实现，不同用户只需在平台上提交、搜索、访问和调用相关服务及其智能组合即可根据自身个性化需求高效协作生产[21-23]。云计算与云制造的区别和联系如图 5-2 所示[24]。

云制造的特点可归纳为：

（1）智能感知、知识密集、高度兼容的集成平台。全球分布的各种类型的制造资源、能力和知识经虚拟化后被封装到云制造平台的服务中，高度集成且可不断扩展[25]。

（2）快速可扩展和动态响应。制造服务的响应柔性决定了虚拟企业、临时生产线、临时资源配置的快速可扩展，有助于更好地处理制造过程中不可预测的动态瞬时需求[26]。

（3）面向需求驱动的服务。云制造平台根据用户需求提供制造服务及其智能组合，其目标是共享制造能力及制造资源，高效连接需求匹配的供需用户[27]。

（4）高度连接共享协作。云制造允许全球无地理限制访问，制造过程中的所有利益相关者均可在此平台上沟通、共享、博弈和协作[28]。

此外，其他特点还包括主动性、高存储、高吞吐、扁平化等[29]。基于这些特性有望创建动态、自组织、跨组织、实时优化的价值网络，并根据成本、可用性和资源消耗等一系列标准深度优化现有制造系统[23]。

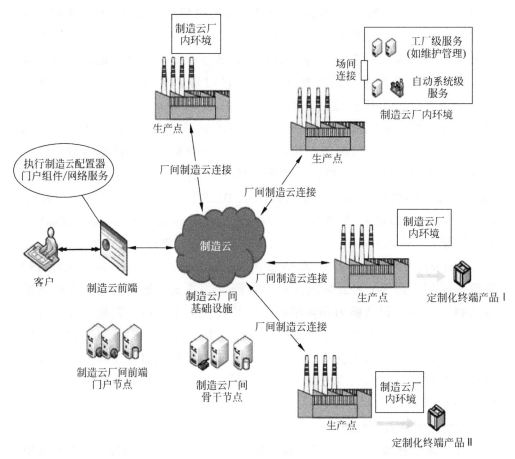

图 5-1 云制造流程示意图

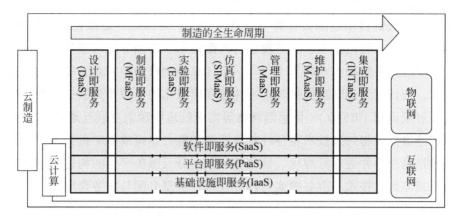

图 5-2　云计算与云制造的区别与联系

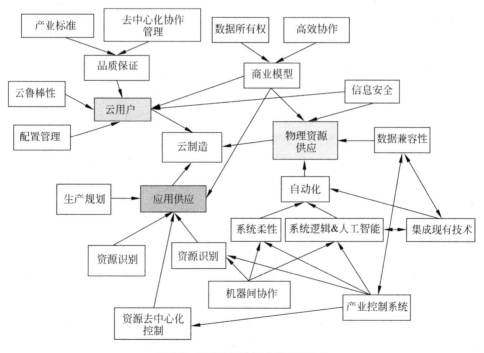

图 5-3　目前云制造领域的研究热点

图 5-3 所示为 Wu DZ 等总结的目前云制造领域的研究热点 [27]。由图可见，构建完整的云制造系统需要跨学科、交叉领域知识、人才和技术的共同支持，其涉及的关键要素繁多，亟待解决的问题多样。从技术角度出发，一般认为云制造涉及的关键技术包括云计算与物联网技术、资源描述虚拟化与封装技术、服务组合管理与优化技术、服务搜索与匹配技术、资源分配与服务调度技术及面向服务的体系结构技术等 [15, 19, 21, 25]。云计算及物联网技术是云制造的关键使能技术，云计算为云制造提供可动态伸缩和虚拟化的资源作为服务，物联网依靠无线射频识别（RFID）、传感器网络等实现制造资源的互联互通和搜索整合；资源描述虚拟化与封装技术将各种制造资源和能力建模成数字世界的一个或多个"虚拟器件"并进行标准化、规范化封装，是云服务平台的构建基础；服务组合管理与优化技术、服务搜索与匹配技术、资源分配与服务调度技术帮助资源需求者和供应者在云制造系统中高效、快速、无冲突地建立连接并完成制造任务，它们将直接决定云服务的质量；面向服务的体系结构技术决定了云制造系统的通信服务网络及结构，决定了云制造平台中各方交互模式及资源利用方式。如图 5-4 为李伯虎等总结的云制造关键技术 [16]，他们将其分为体系结构、模式、标准及规范，云端化技术，云服务综合管理技术，云制造安全技术和业务管理模式与技术五类并分别列出了相关子技术。

为加速云制造系统的构建，许多学者采用多层体系结构或模块化方法设计了一系列云制造体系结构，朱光宇等总结了几种典型结构，如图 5-5 所示 [19]。李伯虎等提出了一种五层云制造系统体系架构，如图 5-6 所示 [16]，包括物理资源层、云制造虚拟资源层、云制造核心服务层、应用接口层和云制造应用层等，其中物理资源层实现制造物理资源的全面互联，为云制造虚拟资源封装和云制造资源调用提供接口支持；云制造虚拟资源层将网络中的各类制造资源汇聚成虚拟制造资源，封装成云服务发布到云制造服务中心；云制造核心服务层面向云制造三类用户（云提供端、云请求端和云服务运营商）提供云服务综合管理的各种核心服务和功能；应用接口层面向特定制造应用领域，提供不同的专业应用接口及其他通用管理接口；云制造应用层面向制造业的各个领域和行业，提供云服务访问和使用接口。其他具有代表性的架构还包括 Wu DZ 等对应于美国国家标准技术局（National Institute of Standards and Technology，NIST）提出的云计算概念参考模型 [30]（图 5-7）中的模块化云制造架构，如图 5-8 所示 [26]。这些模型的设计将对云制造系统的构建提供有益的启发。

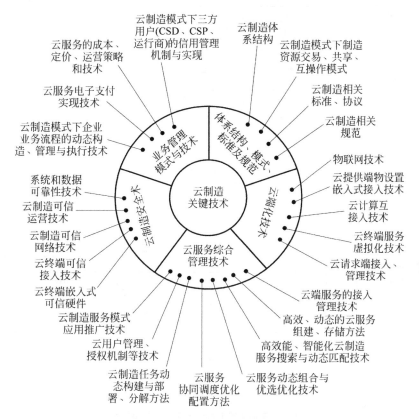

图 5-4 李伯虎等总结的云制造关键技术

层级	层数	研究人员	年份
物理资源层、虚拟资源层、核心资源层、应用接口层、应用层	5	李伯虎等	2010
资源层、感知层、虚拟资源层、核心云服务层、应用层、门户层、企业合作应用层、知识层、云安全层、广域网层	10	Tao等	2011
资源层、面向资源交互层、虚拟资源层、核心服务层、面向服务交互层、应用层	6	Ning等	2011
物理层、感知层、通信子层、访问及虚拟化中介层、通信层	6	Xiang等	2011
制造资源层、虚拟服务层、全局服务层、应用层	4	Xu	2012
基础架构层、制造资源层、商业单元层、商业云和资源云、云制造过程模型层、制造云层、本体层	7	Wang等	2012
物理层、连接层、虚拟层和服务应用层	4	Lv	2012
资源层、资源感知层、资源虚拟访问层、制造云核心服务层、传输网络层、终端应用层	6	Zhang等	2012
功能层、连接层、基础层、门户层、应用层	5	Jiang等	2012
制造资源层、资源管理及执行层、门户层、合作平台层、协同模式支持层	5	Tai等	2012
制造资源层、集成化运营平台层、基础支持层、持久服务层、工具层、引擎层、服务元件层、服务模块层、业务层、商业模式层、企业服务总线层、用户层	12	Huang等	2013
XML层、存储/检索层、模块解释层、交互层	4	Valilai等	2013

图 5-5 朱光宇等总结的几种典型云制造体系结构

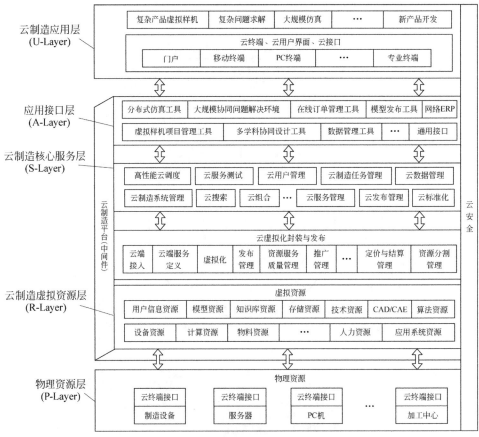

图 5-6　李伯虎等五层云制造系统体系架构

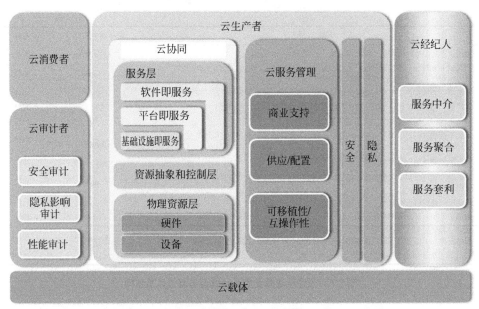

图 5-7　NIST 云计算概念参考模型

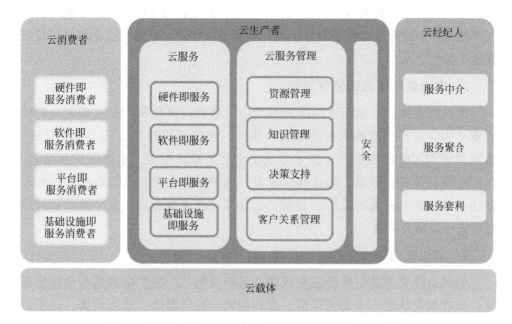

图 5-8　Dazhong Wu 等提出的云制造架构

5.2.2　基于区块链的云制造

云制造系统的构建还存在诸多挑战，许多学者对此进行了深入的研究：首先，目前云制造模式的基本思路是将分布式资源在云上集中整合后以服务的形式重新管理和分配，这种中心化的体系结构难以持久适配日益扁平化的制造系统[31]；其次，云制造的关键使能技术云计算和物联网技术尚存在隐私和安全、数据管理和资源分配、负载均衡、可伸缩性和兼容性、互操作性等问题[21]，这些问题将不可避免地被带入云制造系统；最后，现有的云制造系统缺乏对于信任机制、经济激励、业务模型等多角度、多领域的探讨，这将制约其可持续应用[27]。

本节将云制造难点总结为以下三类。

1. 集中式平台导致的互操作与协作问题

云制造系统的构建需要依赖于高性能计算技术和大规模数据共享系统，中小型企业因技术和资源限制难以形成竞争力强的自主平台并接入网络，而只能被迫购买其他平台的服务，最终云制造系统将形成以大型及超大型企业为中心相互竞争、共同垄断、柔性较差的多中心制造网络（这也是目前云计算服务网络的真实写照）。同时，由于不同的制造平台在集成、分配、描述和表示分布式资源与能力时，通常采用不同的策略、流程、数据和语义模型，缺乏统一的标准和规范，因此跨平台的资源分配、共享调度、任务追踪等互操作和协作管理难以实现[15, 31-32]。

2. 安全隐私与法律监管问题

在资源虚拟化、知识密集的云制造中，数据、信息和产权就是企业的核心竞争力，将产生直接的经济效益。因此，严格采用技术方法（证书认证、数据加密和实时监控）和非技术方法（安全策略和指南、法律保护和监管）以安全存储及交易数据、防止恶意攻击、维护平台安全、保护数据隐私和保证法律效益是至关重要的[15]。目前，云计算技术本身尚存在安全及隐私问题有待进一步研究解决。

3. 组织管理与价值链治理问题

云制造模式将催生新的商业模式、组织结构、产品生命周期和全球价值链，目前尚且缺乏一个安全可信、责任明确、经济激励、效用均衡、公平博弈的交互环境供制造流程的各利益相关者可持续地高效协作[27]。同时，随着云制造的应用，组织和企业中传统的数据信息转换将实现横向扩展[28]，新的效用模型、均衡指标可以促进现有企业系统的集成和服务管理、调度、推荐与匹配[15, 28]。

为更好地应对上述挑战，Li Z 等[31]和 Barenji AV[32]等尝试将区块链技术引入云制造领域，提出了两种基于区块链的云制造体系结构。如图 5-9 所示，Li Z 等的模型包含资源层、感知层、制造服务提供层、基础设施层和应用层，其中，资源层将制造资源和能力封装为服务；感知层通过物联网在网络内部建立各种制造资源和能力的整体连接；制造服务提供层一方面负责提供传统的制造服务，另一方面通过区块链客户端与区块链网络建立连接，并将制造数据哈希加密后打包成数据区块发布在区块链网络中，具体的通信过程如图 5-10 所示；基础设施层负责提供其他层所需的基础设施，包括云制造核心功能与服务设施、区块链网络设施两部分，多个云制造服务提供者（控制 / 验证节点）和终端用户（请求 / 响应节点）形成 P2P 网络在区块链中安全存储和交易；应用层提供不同的特定应用接口和相关终端交互设备。Barenji AV 等[32]的模型分为负责终端交互的用户及服务提供者模块和负责完成制造任务的区块链云制造模块，其中区块链云制造模块又分为作为管理者的核心层、负责通信的 P2P 网络层和实现制造的云制造提

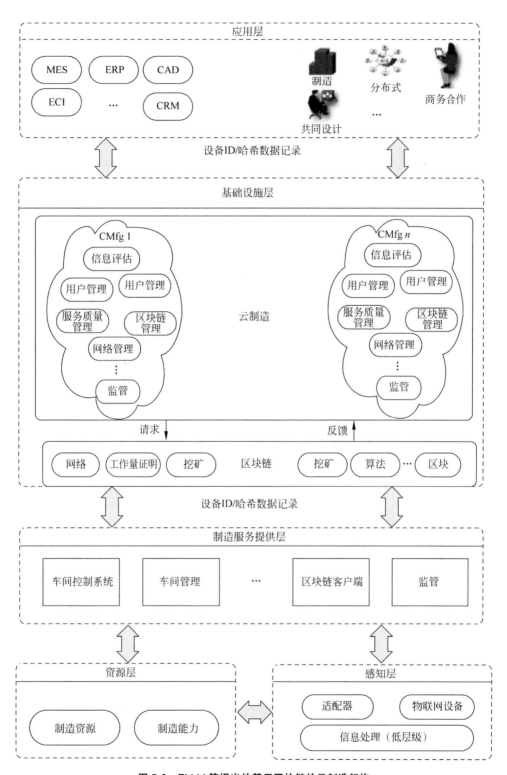

图 5-9　Zhi Li 等提出的基于区块链的云制造架构

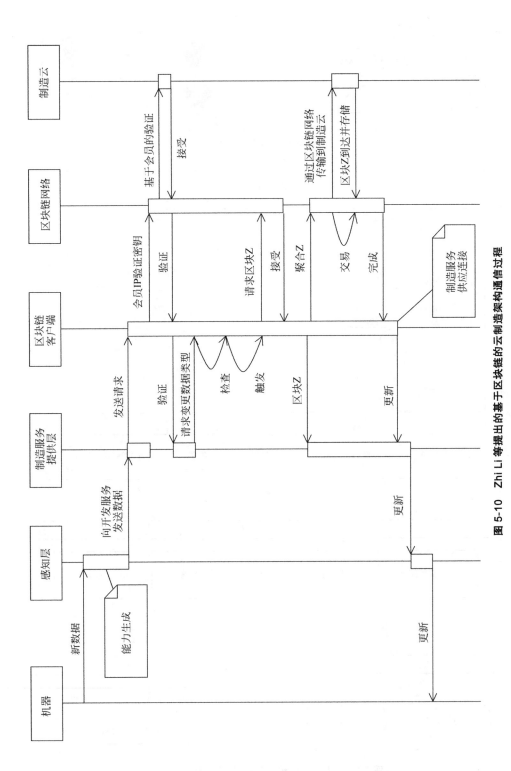

图 5-10　Zhi Li 等提出的基于区块链的云制造架构通信过程

供层三层。

两种模型的共同之处是都只将区块链作为安全可信的数据和信息通信交易机制，所有制造任务的资源调度及服务管理仍交由云制造网络完成。然而，基于区块链及智能合约技术构建的去中心化自治组织（DAO）及 Token 经济模式将有利于启发云制造领域新兴商业模式、组织结构、价值体系的设计及建立，这是在后续研究中有望补充的空白。

5.3　应用案例

本节给出两个案例，介绍区块链在分布式制造模式中的应用。

5.3.1　分布式智能生产网络

为响应"工业 4.0"商业模式下消费者快速变化的碎片化需求，解决传统制造业"预测 – 生产 – 库存 – 销售"串行生产模式下生产周期和质量难以保证、制造柔性低和中间环节多等问题，分布式智能生产网络（DIPNET）[①]秉持"一键重复定制"的价值主张，设计"DPOS+DAG"双链共识的经济系统，采用云链混合技术、区块链技术、智能合约技术、工业以太网技术、人工智能技术、3D 打印技术、产品全生命周期管理技术等将新零售和新制造有机结合，旨在建立一个全新的扁平式、合作性全球新兴工业市场[②]。

DIPNET 作为一个面向工业制造领域的开源智能合约平台，遵循 MIT 协议，提供底层协议的完整实现、配套工具和 API 接口集等，它通过将企业业务流抽象为智能合约范式，帮助制造商轻松接入区块链网络，实现业务流的通证化，加速企业资源和信息的流转。其基础架构如图 5-11 所示，包括网络层、基础服务层、合约层和接口层。

各层具体技术和功能如下：

（1）网络层：基于以太坊 devp2p 协议（DPT、IPFS 等）实现，负责基本节点发现、数据传输等功能。

（2）基础服务层：采用 DPOS 共识的链式区块结构，后期随着交易数量增加，最终同时支持 DAG 实现，对于 DPOS 主链和 DAG 子链的交易，

---

① http://www.dip.network/index.php?m=content&c=index&a=lists&catid=147

② http://www.dip.network/statics/images/dipnet/tpyrced_ch.pdf

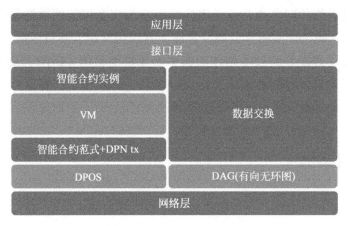

图 5-11　DIPNET 基础架构

DIPNET 将使用不同的验证策略。特别的，DAG 子链中不存在区块的概念，将负责与支付无关的数据交互并支持 IoT 大规模数据。本层提供账户管理（普通账户、合约范式账户、合约实例账户）、组织交易、交易验证、区块验证等服务。

（3）合约层：通过虚拟机（virtual machine, VM）实现智能合约范式及实例。为保障智能合约的时序及可靠性，所有合约范式及合约实例化交易仅允许在主链提交，其中，合约范式由开发者提交，实例由用户根据合约范式初始化而来。智能合约可直接访问 DAG 数据。合约层是实现 DIPNET 业务的核心环节，订单意向的达成、订单交互等均由智能合约自动执行。

（4）接口层：对用户及 DApp 提供对底层区块链数据、智能合约、合约范式等的访问与交互接口。

DIPNET 根据其特点，目标用于：①依托"云链混合"处理方式的数字化共享工厂；②通过数字化共享工厂的多方协同机制满足大规模定制需求的去中心化电商平台；③满足个性化需求的电影产业场景化定制；④基于区块链技术的价值生命周期管理等四大应用场景。本节将分别简要概述。

1. 数字化共享工厂

数字化共享工厂是制造业产能共享主张的重要解决方案，制造业产能共享即主要以互联网平台为基础，以使用权共享为特征，围绕制造过程各个环节，整合和配置分散的制造资源和制造能力，最大化提升制造业生产效率的新型经济形态。图 5-12 为 DIPNET 应用于远嘉程服装定制化系统构建数字化

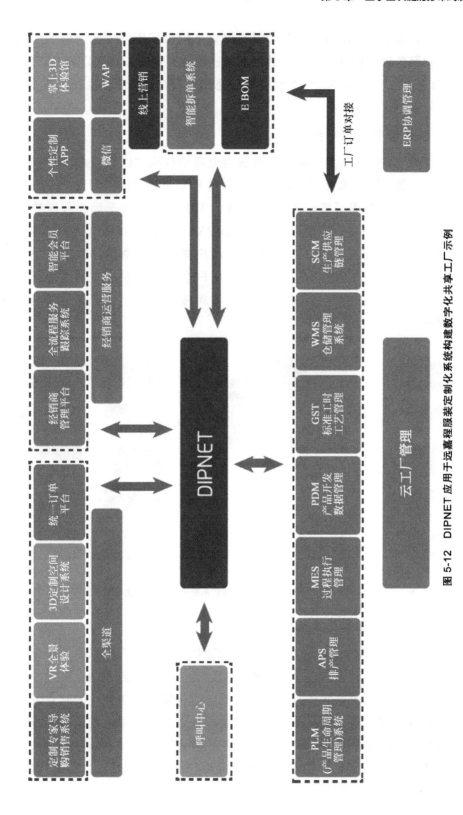

图 5-12　DIPNET 应用于远嘉程服装定制化系统构建数字化共享工厂示例

共享工厂的示例，DIPNET 为工厂间数据共享提供了不同安全等级的区块链加密传输服务以保障各重要生产数据的加密安全，同时，在工厂内部管理上，DIPNET 采用工业云技术对一般性生产信息进行云管理以降低生产成本并最大化生产效率。

2. 去中心化电商平台

近年来，消费者主导的市场需求成为电商平台从"以货聚人，流量核心"的 1.0 模式到"以质聚人，品质核心"的 2.0 模式再到"以人聚人，个性核心"的 3.0 模式转变的重要推动力。图 5-13 为 DIPNET 应用于远嘉程服装定制化系统构建去中心化电商平台的示例。DIPNET 的去中心化电商平台将依托区块链技术和数字化共享工厂为个性化用户提供可自由设计的消费平台和真实有效的定制化订单，从而快速满足用户个性化需求，大幅提升行业运营效率，实现"按需设计 + 定量生产 + 零周转 + 零库存 + 零资金"的新型商业逻辑。

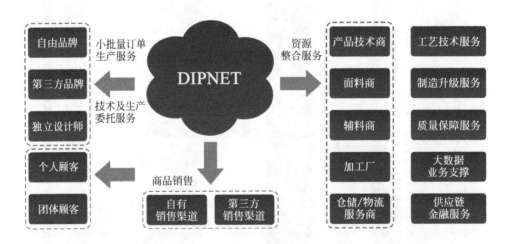

图 5-13　DIPNET 应用于远嘉程服装定制化系统构建去中心化电商平台示例

3. 电影产业场景化定制

如图 5-14 所示为 DIPNET 电影场景化定制图，该生态模式是基于分布式制造网络技术和多种金融工具共同构建的，其主要创新点包括：可对冲电影投资风险的基于电影票房收入的期权合约，可保障电影工业化的制片方主导的完片担保合同，可对前端碎片化需求进行快速响应，柔性制造的分布式制造网络和可避免直接影响实体金融的通证交易所等。

以图中所示的某用户在观看影视作品并产生产品需求后，利用 DIPNET

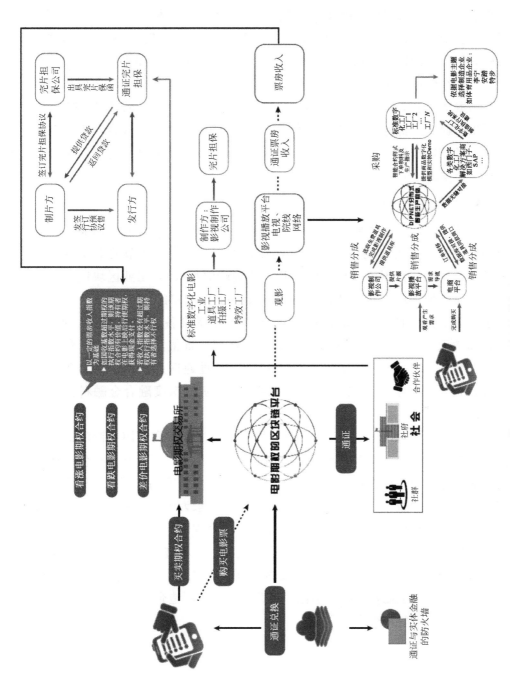

图 5-14　DIPNET 电影场景化定制图

发起订单到完成购买的应用场景为例，DIPNET 的工作流程为：电商平台端和数字化工厂端内部交互仍采用现有的中心化工业云技术，设计者、生产者、消费者、销售者、服务者等角色以平等的身份接入区块链网络后，再通过区块链和智能合约技术完成生产过程中所有的订单信息传输和供应链清结算操作，从而在保证效率和成本的同时，兼顾公平和安全。同时，考虑到传统企业常因数字化水平和技术开发能力限制难以自行接入生产网络，DIPNET 针对不同生产模式的价值流转需求在链上提供多种既定构架的智能合约工业范式供生产者按需扩展，目前已完成对买卖合约、询价合约和竞标合约三种合约范式的开发。

4. 价值生命周期管理

传统的产品生命周期管理（product lifecycle management，PLM）是以产品的生命周期为视角，将研发、设计、生产、销售等环节的数据进行闭环管理，实现"数据流动自动化"和"端到端的集成"。工业区块链倡导的价值生命周期管理（value lifecycle management，VLM）则是以一个产品或一条产业链价值的生命周期为视角，将产品价值的准备、生产、流转、增值、减值和消灭等环节的数据进行闭环管理，实现"价值流动自动化"和"端到端的集成"，两者的对比如图 5-15 所示。通过通证系统和价值生命周期管理，企业有望统一管理物流、信息流和价值流，深度融合金融科技与实体经济。

总而言之，DIPNET 的云链混合架构有利于提高不同云服务商间的互操作性和兼容性，从而提升效率、加快响应和降低能耗；可自动执行供应链上全部交易流程的智能合约，有利于解决工业生产中的账期不可控等问题，提高实体经济运行效率，降低生产风险；以用户需求为中心的分布式制造模式使消费者能够自由而准确地参与到产品的全生命周期，产品的市场需求和利润得以保证，企业和个人的创新边界得以延伸；区块链与数字化工厂的结合可为每一个物理世界的工业资产生成虚拟世界的"数字化双胞胎"以进行确权和流转，完成工业资产的数字化，帮助重资产的制造企业实现轻资产扩张，促进制造业的转型升级 [14]。

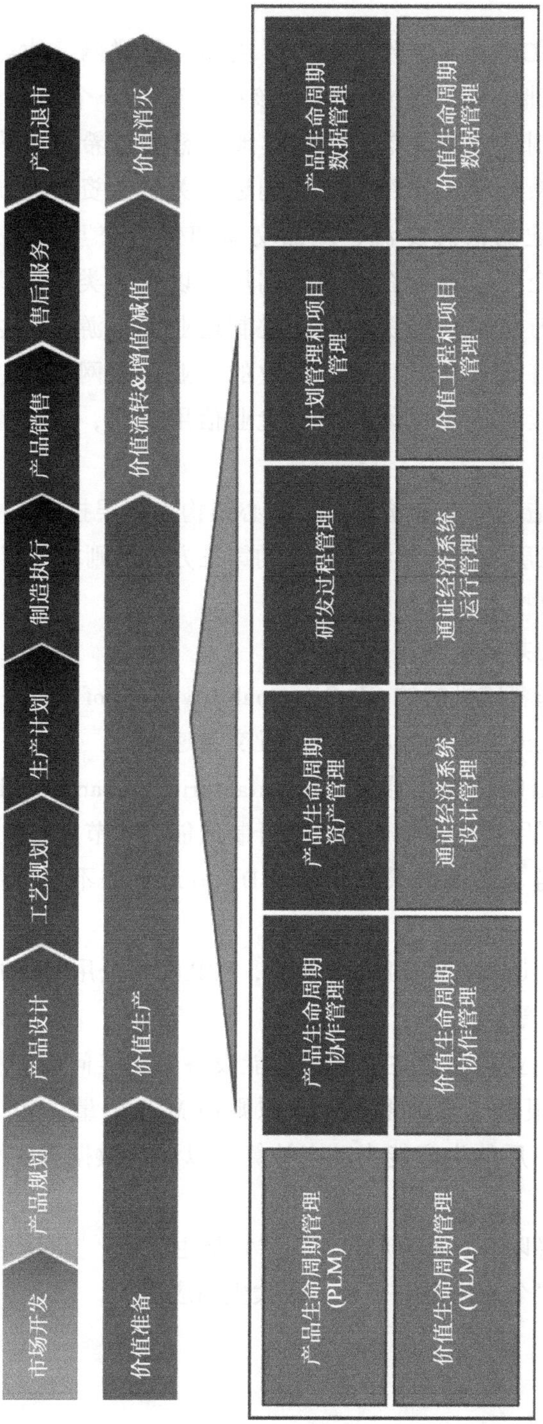

市场开发　产品规划　产品设计　工艺规划　生产计划　制造执行　产品销售　售后服务　产品退市

价值准备　价值生产　价值流转&增值/减值　价值消灭

产品生命周期管理（PLM）	产品生命周期协作管理	产品生命周期资产管理	研发过程管理	计划管理和项目管理	产品生命周期数据管理
价值生命周期管理（VLM）	价值生命周期协作管理	通证经济系统设计管理	通证经济系统运行管理	价值工程和项目管理	价值生命周期数据管理

图 5-15　价值生命周期管理与产品生命周期管理

5.3.2 智造链

智造链（IM Chain）[①]致力于以区块链、物联网、大数据、人工智能等先进技术为基础，以制造业市场为核心，建立一个面向全球的数字化、网络化、智能化制造业新生态[②]。具体地，智造链希望成为制造行业信息数据流通的路由系统和数字经济时代制造相关生态资源的价值中枢，通过共建、共享制造业的信息交流、产品交易和价值交互平台，将生产企业、加工企业、销售企业、物流企业、终端用户以及各类社区聚集在智造链生态系统中，激活万亿级制造资源，促进制造业上下游及周边资源的信息互通和价值共享，打造安全、可信、高效的工业互联网平台、产品全生命周期溯源体系、供应链透明化体系和制造业信用体系，最终重新定义制造业的商业逻辑。

图 5-16 为智造链生态架构图，其核心架构为底层技术、中间组件服务和上层分布式应用三层，安全运维和周边的第三方应用则将贯穿整个体系。

智造链的主要技术特性包括：

（1）可插拔的共识机制；

（2）含拜占庭容错机制的 CPoS（capability proof of stake，能力权益证明）共识机制，协作式出块机制大幅提升单批交易速度；

（3）首次提出制造能力指数（manufacturing capacity index，MCI）作为权益证明，充分利用智能设备产能，提升制造能力和节点权益；

（4）采用主链 + 多侧链模式，每个 DApp 运行在不同侧链上，实现业务的并发处理；

（5）智能合约运行在 Docker 容器中，P2P 网络采用 Gossip 协议，支持硬件加密和国密算法等。

智造链同制造业的结合主要解决智能设备的上链问题和权益问题，其中智能设备的权益根据"多劳多得"的原则由 MCI 衡量，MCI 根据智能设备在平台中接受订单后的生产能力动态计算，以保证数据真实可靠，避免人为造假。

智造链前期将以 DApp 的形式实现"智慧生活街""供应链金融平台""工业众筹平台"和"个性化定制平台"四大生态应用。

---

① https://imchain.in/

② https://imchain.in/White%20Paper%20IMChain%20CN%20NEW.pdf

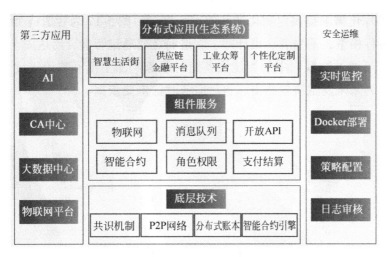

图 5-16　智造链生态架构

　　智慧生活街致力于为智造链社区成员打造实时交易、互动交流、资源互换、价值共享的智慧生活社区，MIMT（my intelligent manufacturing token，我的智能制造通证）是整个生态圈流通的价值通证，将用于智慧生活街的生态建设及推广合作、技术研发及部署、社区发展及激励和团队运营及管理，社区成员可通过注册签到、平台交易、社区活动激励、市场自由购买等方式获取MIMT。

　　供应链金融平台致力于利用第三方物流企业（核心企业）的资信能力缓解金融机构和中小企业的信息不对称，解决中小企业的融资、抵押、担保等资源匮乏问题。具体的，供应链金融平台通过区块链技术实现制造业供应链体系的信息公开透明，通过核心企业对整条供应链进行信用评估及商业交易监管，面向核心企业和节点企业之间的资金管理提供一整套财务融资解决方案，其经济模型包括融资准入、融资复审、融资终审和贴息奖励等四个层次。

　　工业众筹平台致力于解决制造业转型升级过程中中小型企业融资困难的问题，通过将工业产品上链、转换智能设备生产力为智造链节点的 MCI 和采用物联网技术实时监控设备的生产运行状况等，为设备需求方、投资方和设备供应商提供了一个信息交互平台，投资者可直观地了解设备的性能并公平地分配收益，从而有效实现高端智能设备资源的优化配置并解决中小企业和公众投资方信息不对称问题，为智能制造产业的升级提供有力支持。

　　个性化定制平台集设计、生产和商品交易为一体，致力于针对具有个性化定制需求的 C 端用户和具有小批量定制需求的工业 B 端用户，提供快速对接设计师和生产厂家的个性化设计与生产一体化服务以弥补现有电商无法满足用户碎片化需求提供定制化产品的市场空白。图 5-17 为智造链个性化定制平台的运行模型，消费者、设计师、制造商之间通过智能合约达成设计 / 生产协议后，可通过物联网中的智能设备随时跟踪产品生产和物流进度，并将链上记录作为未来发生质量纠纷、售后服务时的重要依据。

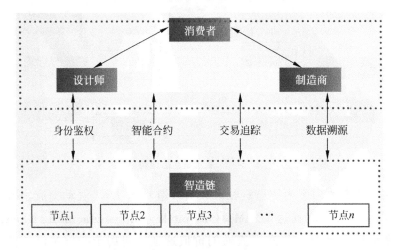

图 5-17　智造链个性化定制平台运行模型

　　总而言之，智造链旨在通过区块链技术构建智能制造业的基础设施，连接和配置全球制造业资源，在全球智能制造生态系统的参与主体之间架起安全、互信、高效的沟通和协作桥梁。

参考文献

[1]　熊刚，商秀芹 . 个性产品的智能制造：从大规模定制到社会制造 [J]. 自动化博览 . 2016，(9)：28-32.

[2]　袁勇，王飞跃 . 区块链技术发展现状与展望 . 自动化学报 [J]. 2016，42(4)：481-494.

[3]　STEWART H, TOOZE J. Future Makespaces and Redistributed Manufacturing[J]. Making futures, 2015, 4: 1-9.

[4]　PETRULAITYTE A, CESCHIN F, PEI E, et al. Supporting Sustainable Product-Service System Implementation through Distributed Manufacturing[J]. Procedia CIRP, 2017, 64: 375-380.

[5]　SRAI J S, KUMAR M, GRAHAM G, et al. Distributed Manufacturing: Scope, Challenges and Opportunities[J]. International Journal of Production Research, 2016, 54(23): 6917-6935.

[6]　乔东平，杨建军 . 基于代理的分布式生产任务管理研究 [J]. 新技术新工艺，2006，(4)：

29-32.

[7]　MORENO M, CHARNLEY F. Can Re-distributed Manufacturing and Digital Intelligence Enable a Regenerative Economy? An Integrative Literature Review[C]. In Proceedings of the International Conference on Sustainable Design and Manufacturing. Springer, Cham, 2016: 563-575.

[8]　ZAKI M, THEODOULIDIS B, SHAPIRA P, et al. The Role of Big Data to Facilitate Redistributed Manufacturing Using a Co-creation Lens: Patterns from Consumer Goods[J]. Procedia CIRP, 2017, 63: 680-685.

[9]　RAUCH E, DALLASEGA P, MATT D T. Sustainable Production in Emerging Markets through Distributed Manufacturing Systems (DMS)[J]. Journal of Cleaner Production, 2016, 135:127-138.

[10]　MATT D T, RAUCH E, DALLASEGA P. Trends towards Distributed Manufacturing Systems and Modern Forms for their Design[J]. Procedia CIRP, 2015, 33:185-190.

[11]　LV Y Q, LIN D P. Design an Intelligent Real-time Operation Planning System in Distributed Manufacturing Network[J]. Industrial Management & Data Systems, 2017, 117(4): 742-753.

[12]　LI K, ZHOU T, LIU B H, et al. A Multi-agent System for Sharing Distributed Manufacturing Resources[J]. Expert Systems with Applications, 2018, 99: 32-43.

[13]　欧阳丽炜，王帅，袁勇，等 . 智能合约：架构及进展 [J]. 自动化学报，2019，45(3)：445-457.

[14]　张辉 . 全球价值链理论与我国产业发展研究 [J]. 中国工业经济，2004，(5)：38-46.

[15]　HE W, XU L D. A State-of-the-art Survey of Cloud Manufacturing[J]. International Journal of Computer Integrated Manufacturing, 2015, 28(3): 239-250.

[16]　李伯虎，张霖，王时龙，等 . 云制造——面向服务的网络化制造新模式 [J]. 计算机集成制造系统，2010，16(1)：1-7.

[17]　李春泉，尚玉玲，胡春杨，等 . 云制造的体系结构及其关键技术研究 [J]. 组合机床与自动化加工技术，2011，(7)：104-107.

[18]　XU X. From Cloud Computing to Cloud Manufacturing[J]. Robotics and Computer-Integrated Manufacturing, 2012, 28(1): 75-86.

[19]　朱光宇，贺利军，居学尉 . 云制造研究及应用综述 [J]. 机械设计与制造工程，2015，44(11)：1-6.

[20]　MEIER M, SEIDELMANN J, MEZGÁR I. ManuCloud: The Next-generation Manufacturing as a Service Environment[J]. ERCIM News, 2010, (83): 33-34.

[21]　ZHONG R Y, XU X, KLOTZ E, et al. Intelligent Manufacturing in the Context of Industry 4. 0: A Review[J]. Engineering, 2017, 3(5): 616-630.

[22]　REN L, ZHANG L, TAO F, et al. Cloud Manufacturing: from Concept to Practice[J]. Enterprise Information Systems, 2015, 9(2): 186-209.

[23]　LIU Y K, XU X. Industry 4. 0 and Cloud Manufacturing: A Comparative Analysis[J].

Journal of Manufacturing Science and Engineering, 2017, 139(3): 1-8.

[24] TAO F, ZHANG L, VENKATESH V C, et al. Cloud Manufacturing: A Computing and Service-oriented Manufacturing Model[J]. Proceedings of the Institution of Mechanical Engineers, Part B: Journal of Engineering Manufacture, 2011, 225(10): 1969-1976.

[25] GHOMI E J, RAHMANI A M, QADER N N. Cloud Manufacturing: Challenges, Recent Advances, Open Research Issues, and Future Trends[J]. The International Journal of Advanced Manufacturing Technology, 2019, 102: 3613-3639.

[26] WU D Z, THAMES J, ROSEN D W, et al. Towards a Cloud-based Design and Manufacturing Paradigm: Looking Backward, Looking forward[C]. In Proceedings of the ASME 2012 International Design Engineering Technical Conferences and Computers and Information in Engineering Conference. American Society of Mechanical Engineers Digital Collection, 2012: 1-14.

[27] WU D Z, GREER M J, ROSEN D W, et al. Cloud Manufacturing: Strategic Vision and State-of-the-art[J]. Journal of Manufacturing Systems, 2013, 32(4): 564-579.

[28] HENZEL R, HERZWURM G. Cloud Manufacturing: A State-of-the-art Survey of Current Issues[J]. Procedia CIRP, 2018, 72: 947-952.

[29] WU D Z, TERPENNY J, SCHAEFER D. Digital Design and Manufacturing on the Cloud: A Review of Software and Services[J]. Artificial Intelligence for Engineering Design, Analysis and Manufacturing, 2017, 31(1): 104-118.

[30] LIU F, TONG J, MAO J, et al. NIST Cloud Computing Reference Architecture[J]. NIST special publication, 2011, 500: 1-28.

[31] LI Z, BARENJI A V, HUANG G Q. Toward a Blockchain Cloud Manufacturing System as a Peer to Peer Distributed Network Platform[J]. Robotics and Computer-Integrated Manufacturing, 2018, 54: 133-144.

[32] BARENJI A V, GUO H Y, TIAN Z G, et al. Blockchain-Based Cloud Manufacturing: Decentralization[J]. arXiv preprint arXiv: 1901. 10403, 2019.

第 6 章

基于区块链的
社会制造

————

社会制造（social manufacturing）是近十年来兴起的新型制造模式，其最具代表性的制造模式和技术之一就是 3D 打印。2010 年前后，3D 打印技术曾在世界范围内掀起一股制造业革命的热潮。各国政府、主流媒体、学术界和产业界均高度重视，并积极推进这项技术的发展。美国奥巴马政府在 2012 年和 2013 年的国情咨文中赋予 3D 打印技术以重振美国制造业的战略意义。3D 打印带来的不仅是制造技术的进步，更是社会生产组织方式和管理模式的深刻变革。3D 打印使生产制造从大型、复杂、昂贵的传统工业过程中分离出来，凡是能接上电源的任何计算机都能够成为灵巧的生产工厂。社会生产正呈现出由传统的"以企业为核心的大规模生产制造"向"以小微组织和草根群体为核心的社会制造"模式转变的趋势。3D 打印催生并促进了社会制造的迅猛发展 [1]。

6.1　社会制造：定义与现状

社会制造最早由中国科学院自动化研究所王飞跃研究员提出并深入研究，其论文《从社会计算到社会制造：一场即将到来的产业革命》首次明晰了社会制造的概念：社会制造就是利用 3D 打印、网络技术和社会媒体，通过众包等方式让社会民众充分参与产品的全生命制造过程，实现个性化、实时化、经济化的生产和消费模式；在社会制造环境中，消费者与企业通过网络世界能够随时随地参加到生产流程之中，社会需求与社会生产能力将实时有效地结合在一起，"想法到产品"（mind to product）"需求就是搜索，搜索就是制造，制造就是消费"将成为现实 [2]。英国《经济学人》杂志在 2012 年的专题报告"第三次工业革命"中也提出社会制造的概念，他们宣称 3D 打印技术即将引发新一轮"工业革命"浪潮，人类将以新的方式合作进行生产制造，制造过程与管理模式将发生深刻变革，而这种人人都可参与产品生产制造的新兴制造模式即为"社会制造"①。社会制造将极大地刺激社会需求，同时有效地提升整个社会的参与程度，对于提高我国制造业的竞争力、加速产业升级和转型、扩大社会内需、繁荣国家经济，具有至关重要的战略意义。

近年来，随着相关研究的深入，社会制造的含义日益丰富，中国科学院王飞跃团队进一步扩展了社会制造的含义，指出社会制造是指在社会化制造、服务资源共享与自组织的基础上，以专业服务众包为驱动，实现分布式、网络化、社会化制造新模式，采用物联网、云计算、大数据、3D 打印等新技术解决社交网络环境下的人、财、物三大制造资源的优化共享，设计与产、供、销等制造环节的自组织配置 [3]。西安交通大学江平宇团队则将社会制造称为社群化制造，并定义为：一种构建在分散化 / 社会化资源自组织配置、社交媒介驱动的互联、大规模协作与共享等基础上的新型网络化制造模式；通过自组织配置，分散的社会化资源集聚形成各类分布式社群；在利益协调及商务社交机制下，以社群为主体进行分散的制造服务；社群化制造依托集成于社交媒介中的云计算 / 服务计算、大数据分析等新兴信息技术来处理社交网络环境下资源服务匹配、业务流程优化、服务过程监控等复杂的协同交互问题，并在产品全生命周期供应链上下游进行信息共享、服务规划与管控 [4-5]。两种定义均为目前学界的主流定义，并无本质区别。

社会制造中，"社会"一词主要体现在社会化资源利用、社群资源自组织和社交媒体支持三个方面 [6]。在社会制造模式下，全球消费者、设计者、生产者和服务者都可在基于多种新兴技术形成的社会制造网络中或社会网络服务平台上，通过与各类资源、社群协同交互充分参与到个性化产品从设计到制造、从制造到服务的全生命周期并保持密切互动，从而深度挖掘长尾效应价值，精确细分且实时响应用户需求，及时合理地匹配社会需求与社会资源 [7]，在降低生产成本和资源浪费的同时提高服务水平和消费品质 [3-4]。社会制造使得原有集中生产全过程的大企业分解为设计、生产、物流与服务的小企业群，制造的柔性得到极大提升，个性化、实时化、本地化、经济化的制造和消费模式逐步形成 [3]。总的来说，社会制造的特点可概括为个性化、本地化、用户需求驱动、资源社群化、媒介社交化、协作集成化、响应实时化、组织去中心化、个性需求大规模社会化等 [5, 8]。

从社会制造的定义、特点和发展目标不难发现其与理想分布式制造的相似之处：都是由用户需求驱动的分布式、个性化、本地化、可持续生产模式，网络中用户均高度参与产品的全生命周期，参与者均从单纯的生产者或消费者转变为产消结合、灵活可变的产消者（prosumer）等。两者的区别在于，社会制造

---

① http://www.economist.com/node/21552901

更强调依托于社交媒介和社交网络的社群作用及个人与组织（社群）间关系 [9]。随着信息技术的发展和网络活动的丰富，传统的信息物理系统（cyber-physical systems，CPS）已扩展为以人为本、面向物理世界和网络空间融合的社会物理信息系统（cyber-physical-social systems，CPSS） [10]，其中可刻画动态网民群体的网群运动组织（cyber-enabled movement organizations，CMOs）是 CPSS 系统的关键，在社会制造中可进一步解释为客户运动组织（customer movement organization，CMO），即由大量具有共同兴趣和任务的产消者组成的社群，个人可自由选择独立地或以社群为单位地进行多方交互，从而保证社会制造网络的开放性、包容性、灵活性、动态稳定性和自组织、自适应能力 [7, 11]，社群的存在将有利于利益相关者间的互联、协同与交互，使社会化资源的发现、服务与共享更高效 [12]。可以说，高效治理相关社群将是实现从社会需求到社会制造之间有效转化的关键所在。图 6-1 为社会制造模式下用户交互协作的流程示意图 [7]。

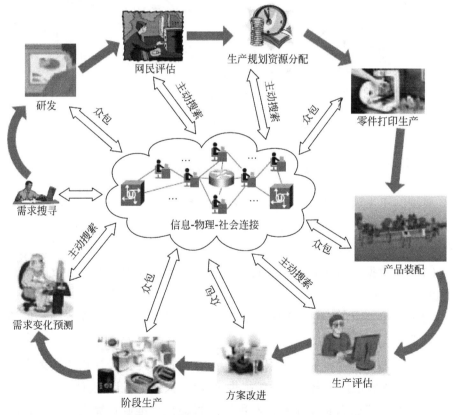

图 6-1　社会制造模式下用户交互协作流程

社会制造需要解决的问题包括如何有效地利用动态网民群体从大数据中获得有用信息，如何在社会需求和制造能力之间进行实时的初始匹配，如何有效地支持从产品需求到产品供应的转换过程[13]，可概括为社会化制造社区组织与协作问题[14]、社会化资源的组织与配置问题、服务过程跟踪与质量管控问题、制造服务分析与改进问题等[5]。为解决这些问题，其关键技术包括协同技术、面向服务的体系结构（service oriented architecture，SOA）、工作流技术、模型驱动式架构（model driven architecture，MDA）、协同管理系统、企业建模方法和 3D 打印技术等[3, 13]。云计算、物联网、大数据、机器学习、数据挖掘、模式识别、人工智能、虚拟现实[15]等领域的理论、技术、方法都将在其中发挥巨大的作用[2]。图 6-2 为新兴技术对社会制造的驱动作用示意图[4]。

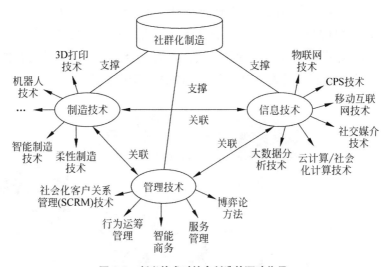

图 6-2　新兴技术对社会制造的驱动作用

熊刚、王飞跃等提出了一种社会制造平台集成了产品需求、设计、研发、制造等业务流程，可为消费者、设计师、制造商和商店运营商提供服务。该平台由四个子系统组成。

（1）大数据分析子系统：寻找适用于社会制造大数据的高效智能信息处理机制。

（2）基于 CMO 的商业智能子系统：主动搜索并准确识别个人与社群的个性化需求。

（3）个性化推荐子系统：根据用户的行为特征提供个性化的决策支持和信息服务，为智能广告营销子系统提供个性化动态广告展示功能。

（4）智能广告营销子系统：利用用户兴趣模型准确计算出匹配广告的用户类型、兴趣和特点。通过搜索竞价、实时拍卖、搜索引擎优化、移动广告等更为精准的网络营销，吸引用户促进购买[13]。

熊刚等基于云计算技术将此平台应用于个性化需求强烈的鞋业[16]和高端

服装业[17-18]并获得了良好的效果，图6-3为他们结合实例提出的社会制造云架构，该架构自底向上由服务资源层、服务支持层、协同运行环境层、商业支持层及商业应用层组成，每层中详细列举了相关关键技术及组件，可用于指导大多数制造行业中社会制造模式的设计，具有极强的普适性[18]。其他具有代表性的社会制造架构还有江平宇等提出的社会制造逻辑框架（图6-4）[6]，冷杰武等提出的外包驱动的社会制造框架等（图6-5）[19]。

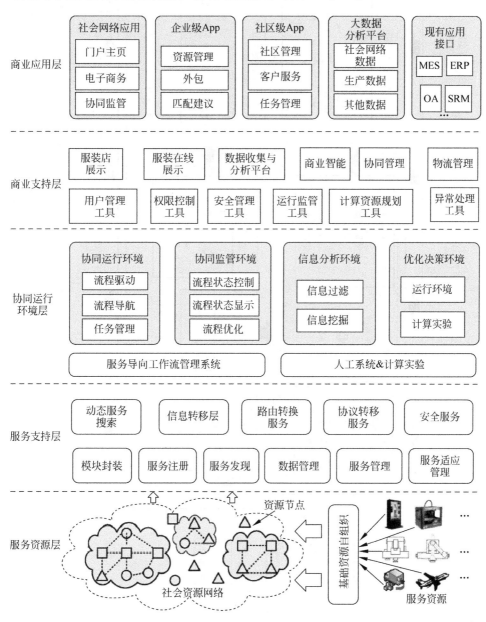

图6-3 社会制造云架构

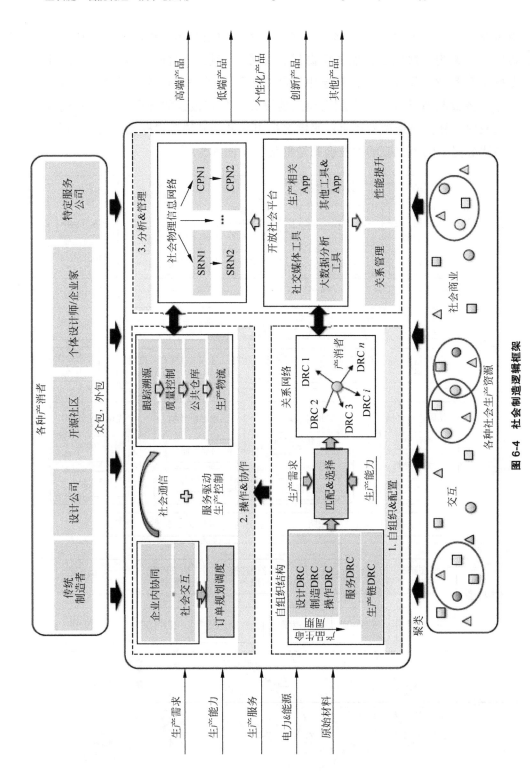

图 6-4　社会制造逻辑框架

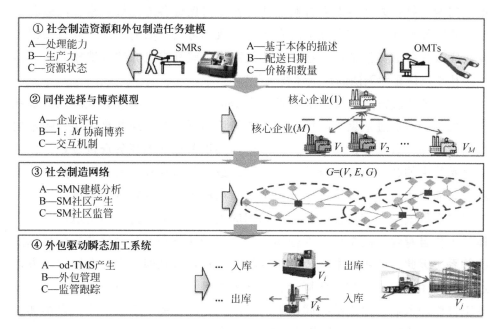

图 6-5　外包驱动的社会制造框架

6.2　社会制造的区块链解决方案

社会制造的前景虽然广阔，但在实际应用时还存在诸多挑战，目前的研究主要聚焦于社群及社会化资源的自组织和配置，交互关系的分析和管理，协同生产运行和管控，以及社会制造开放式服务平台建设等[4]，其他应用难点还包括知识产权保护问题、数据共享安全问题、法律归责和监管问题[11]，以及价值创建与交互问题等[7]。显然，其中绝大部分难点是社会制造与分布式制造的共性问题，具有相似的特征，可用相同的区块链解决方案应对，因此我们也将社会制造的难点归为互操作与协作难点、市场化与协议难点与民主化组织治理难点，以下仅着重介绍社会制造难点的不同之处。

难点一：互操作与协作难点。

相对于分布式制造，社会制造更强调个人与社群、社群与社群之间的交互协作关系及众包和外包过程中的资源配置和跟踪问题，领域内常采用信息协同管理一词统称这种对网络公民、社会资源、生产服务的动态管理。典型难点问题包括：如何协调多方利益博弈？如何保证各方高效共享、沟通和处理业务？如何保证所有交互信息有序、一致和可信？如何保证社群自由组织并在完成任务后灵活解散？社会制造是高度依赖社交媒介的制造模式，但传统的社交媒体显然无法满足上述要求[20]。

区块链解决方案：以工作量证明（proof of work，PoW）为代表的区块链共识机制一般通过汇聚大规模共识节点的算力资源来实现共享区块链账本的数据验证和记账工作，其本质上就是一种共识节点间的任务众包过程，去中心化系统中的共识节点本身就是自利的，最大化自身收益是其参与数据验证和记账的根本目标。区块链系统中共识节点最大化自身收益的个体理性行为与保障系统安全和有效性的整体目标间的关系，可类比为社会制造模式下个体最大化自身收益的个体理性行为与保障生产任务利益最大化的整体目标间的关系，因此，区块链本身激励相容的合理众包机制即可为社会制造各方营造天然自由的博弈环境。实际上，如图6-6所示，在比特币生态圈中，个体矿工自由加入或退出矿池共同挖矿的过程就是社会制造模式下个人自由加入或退出社群共同完成生产任务的典型实例[21]。

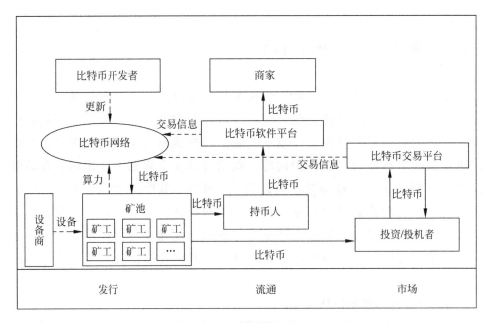

图6-6　比特币生态圈

难点二：市场化与协议难点。

社会制造模式下的市场化难点在于如何在社会需求和制造能力之间进行实时的初始匹配，目前常采用社会计算、推荐系统、信息检索等相关技术实现从需求到搜索，从搜索到制造，再从制造到消费的转换。然而这种方法高度依赖于算法的准确性，用户本身自由选择的空间有限，同时，相关合作方和订单协议仍然缺乏可供担保的信任机制。

区块链解决方案： 借助区块链和智能合约可构建去中心化的订单协议市场作为多方自由合作的补充，同时，区块链系统作为"信任机器"可从多维度充当社会制造系统的信任机制。Liu JJ 等提出了一种基于区块链的社会制造生产信用机制，如图 6-7 所示为该机制的运行流程：基于区块链上各企业、组织、个人的真实历史交易数据和多方评价，采用相应的评估算法计算相关参与者在服务、资产、创新、合作、交付等多方面的信用评分，并根据最终的评分结果进行排序以供用户参考[22]。

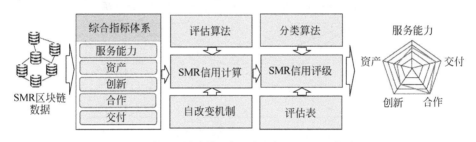

图 6-7　基于区块链的社会制造生产信用机制运行流程

难点三：民主化组织治理难点。

去中心化、扁平式的生产互联模式和组织形态是社会制造区别于传统制造模式的重要特点，随着扁平化自组织动态制造社群联系的不断增强，生产信息传播主体从单一到多重，从集中到分散，核心企业不再拥有制造网络中的主导权，传统的卖方市场也逐渐向买方市场转移。社群本身开放性、创造力、生产力和价值增值能力是决定生产系统效率的决定性因素，因此，其治理方法至关重要。

区块链解决方案： 社群一词可完全对应于区块链系统中的去中心化自治组织（DAO，亦称去中心化自治企业，DAC），DAO 的治理模式将成为社群治理的良好借鉴，基于平行智能理论和 ACP 方法（artificial systems + computational experiments + parallel execution，人工系统 + 计算实验 + 平行执行）可实现真实系统和人工系统的虚实互动和平行调谐，实现社会管理和决策的协同优化，具体地，袁勇和王飞跃提出了平行区块链的概念框架、基础理论和研究方法体系，如图 6-8 所示为平行区块链的概念框架，其基本思想是通过形式化地描述区块链生态系统核心要素（例如计算节点、通信网络、共识算法、激励机制等）的静态特征与动态行为来构建人工区块链系统，利用计算实验对特定区块链应用场景进行试错实验与优化，并通过人工区块链系统与实际区块链系统的虚实交互与闭环反馈实现决策寻优与平行调谐。本质上，平行区块链系统是以人工区块链系统作为"计算实验室"，利用常态情况下人工区块链系统中"以万变应不变"的离线试错实验与理性慎思，实现真实区块链系统在非常态情况下"以不变应万变"的实时管理与决策[23]。平行区块链中 DAO 的治理将有效指导基于区块链的社会制造模式下真实社群的治理。

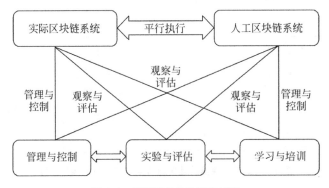

图 6-8　平行区块链的概念框架

综合分布式制造和社会制造的互操作与协作难点、安全性与监管难点、市场化与协议难点、民主化组织治理与全球价值链治理难点和相应的区块链解决方案，欧阳丽炜等提出了一个用于分布式制造和社会制造的以区块链为数字基础设施的协同生产框架，如图 6-9 所示[24]。该框架按照区块链协同生产流程和价值流向顺序构建，由下至上分为资源服务层、网络互联层、市场协议层、协同管理层和价值互联层五层，涵盖了区块链可用于优化当前制造的具体方向和技术，提供了一种构建基于区块链的协同制造系统的新设计思路。

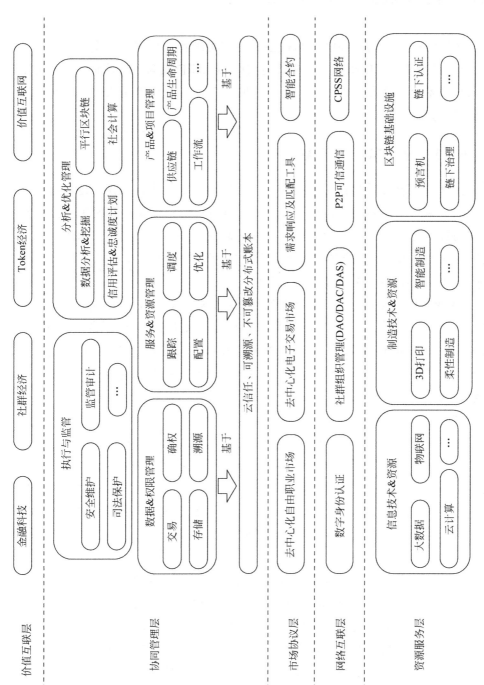

图 6-9 基于区块链的协同生产框架

6.3　基于区块链的 DAO 组织管理

区块链技术也为智能制造和社会制造的组织管理模式带来变革。畅销书《失控》曾预测未来的组织管理模式是去中心化和自底向上的控制，区块链则可以从技术上支撑和实现这种预言，反映到智能制造中就是去中心化和自底向上的社会制造模式。

6.3.1　从 CMO 到 DAO

就复杂系统的组织管理模式而言，最早的去中心化管理模式是自然界的复杂适应系统（complex adaptive systems，CAS），其代表性智能组织是大规模的鸟群、鱼群、蜂群或者蚁群。互联网诞生之后，依托网络技术出现了以人肉搜索为代表的网络群体行为和组织，称为动态网群组织（cyber movement organization，CMO）或者动态网民群体。

CMO 的概念源自社会学的社会运动组织（social movement organization），对于社会制造而言，可以直接将 CMO 解释成客户运动组织（customer movement organization）。利用 CMO 来刻画动态网民群体，能够精确地满足社会制造的各种需要。掌控相关 CMO，将是实现从社会需求到社会制造之间有效转化的关键所在。将来，一个社会制造企业能否成功，一定取决于其掌控 CMO 的手段和能力。

基于 CMO 的社会制造最大的特色就是消费者可以将需求直接转化为产品，即"从想法到产品"，并使得任何人都能通过社会媒体和众包等形式参与其设计、改进、宣传、推广、营销等过程，并可以分享其产品的利润。在社会制造的环境下，大批 3D 打印机形成制造网络，并与互联网、物联网和物流网无缝链接，形成复杂的社会制造网络系统，实时地满足人们的各种需求，如图 6-10 所示 [2]。

在该过程中，搜索是社会制造的核心，其实质内容就是社会计算，传统的企业将转变为能主动感知并且响应用户大规模个性化需求的智能企业，否则无法生存。社会制造的关键问题就是如何主动、及时地将社会需求与社会制造能力有机地衔接起来，从而有效地完成从需求到供应之间的相互转化过程。为此，我们必须实现从社会计算到社会制造的转换，将两个密切相关的新兴领域有机地结合起来。网络空间和社会媒体的环境，不但是催生这两个领域的基本条件，更为完成相应的整合任务提供了有利的保障。

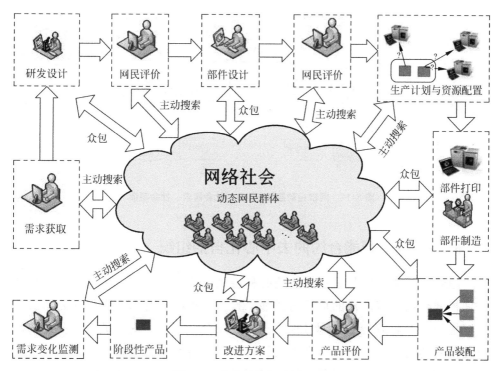

图 6-10　社会制造的网络与过程

首先，社会计算为社会制造提供了主动及时地掌握社会需求的必要手段，从而能够在大数据的时代环境下直接用数据考察研究各类问题。其次，社会制造涉及人的行为与需求，对许多问题由于时间、经济、法律和道德上的原因无法进行传统的实验，而社会计算能够以计算实验的方式弥补这一缺陷。最后，社会计算的平行管理与控制为落实社会制造的运营和支持各种决策提供了一个有效的操作平台。

特别是，作为目前社会制造的核心手段之众包，也正是社会计算目前的核心研究内容。众包源于中国的"人肉搜索"现象，可以被认为是工程化的"人肉搜索"，而"人肉搜索"是社会化的众包，两者是同一概念从不同角度的认识。一般而言，社会民众可以通过"人肉搜索"的独立方式寻求满足自己需要的社会制造企业，而企业可以通过众包的方式有效地完成产品的提出、设计、评价和营销等任务，如图 6-11 所示。

CMO 实际上就是区块链技术出现之前、互联网形态下去中心化自治组织（DAO）的雏形。换言之，DAO 是 CMO 在区块链时代的自然演变和升级，且与 CMO 相比在安全性、智能性和激励机制方面有着明显的优势。6.3.2 节将介绍基于区块链和智能合约技术的 DAO 及其在智能制造中的应用。

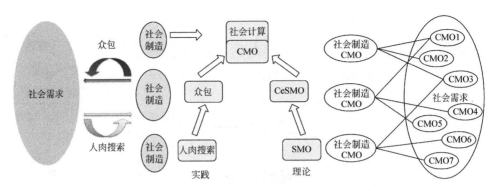

图 6-11　网群运动组织 CMO、社会需求、社会制造

6.3.2　基于智能合约的去中心化自治组织

随着时代的发展与进步，传统的科层制（或称金字塔式）的组织结构和管理模式正面临着严重的危机与挑战。首先，组织（特别是股份制公司）普遍以控股股东利益最大化为目标，无法兼顾全体股东、内部员工以及外部利益相关者的利益。其次，金字塔式的管理体制容易导致机构臃肿、信息传递不畅、管理效率低下等问题，使得基层员工自主性小、创新潜能无法有效释放；最后，组织普遍缺乏有效的激励机制，其成员难以积极履行勤勉义务，且容易诱发机会主义（opportunism）、委托 – 代理（principal-agent）等问题。传统组织的种种弊端，加之个体意识的崛起，促使人们不断试图打破科层制组织在空间和时间上的局限性，探索更为公平、民主、高效的组织结构和管理模式。于是，一种新的组织形态与治理模式——去中心化自治组织（DAO）进入了人们的视野，并愈发受到关注，有望深刻变革制造企业的组织管理模式。然而，去中心化自治并非是一个全新的概念，自然界的自组织现象、互联网中的动态网群组织（CMO）以及人工智能的重要分支——分布式人工智能均可认为是其早期雏形。

在自然界层面，多种动物种群都存在自组织现象。以蚁群为例，虽然单只蚂蚁行动能力非常有限，但蚁群却可以完成觅食、哺育、筑巢、防御等复杂行为。其核心在于蚁群中的个体能够根据劳动分工机制协调不同的行为，从而根据环境变化调整所执行的任务，使得个体的分工恰好符合族群对各项任务的要求。鱼群、蜂群、鸟群等也表现出类似的自组织行为。上述种群的特点是不存在中心控制和等级制度，不会因为某些个体出现异常而影响群体的行为，整体呈现出一种分布式群体智能（swarm intelligence）。

在互联网层面，近几十年来互联网、特别是移动互联网的迅速普及为线上网民行为的快速大规模聚集提供了载体，从而促成了网群运动组织的出现。所谓 CMOs，是指通过网络空间诱发或加强的社会运动组织或群体，即网络空间中针对某一主题、话题或事件，短期内快速聚集在一起，参与、讨论并共同实施某些社会行为的网民群体。人肉搜索、水军、众包等都是典型 CMOs。其组织方式为利用各类社交媒体平台如 BBS、论坛、博客、微博等发布相关主题信息，快速感染、迅速传播并大范围扩散的网民群体行为或运动，通常具有多平台性、动态性、实时性、自组织性、突变性、高度复杂性、虚实交互性等特点。

学术界也就去中心化自治进行过探讨。2009 年度诺贝尔经济学奖获得者埃莉诺·奥斯特罗姆（Elinor Ostrom）提出了著名的多中心治理理论（polycentric governance）以及自主治理理论（self-governance theory）[25]，她认为通过社群组织自发秩序形成的多中心自主治理结构具有权利分散和交叠管辖的特征，可以在最大程度上遏制机会主义和搭便车行为，实现公共利益的持续发展。大量的实证研究表明，公共资源的共享者们可以通过众筹资金和自主合约的形式进行有效的自主治理，从而避免了"公地悲剧"（tragedy of the commons）等公共事务治理的困境。社会学家瓦尔特·鲍威尔（Walter W. Powell）也曾指出，自组织（self-organization）是独立于层级与市场之外的第三种治理机制。自组织治理基于信任与协商，是一种自下而上的权力，通过自治的方式以及有效的激励，可以大大降低组织内部的信息获取成本、管理成本、协同成本与监督成本，最终实现社群的长期存续和有效治理[26]。

DAO 理念的真正落地得益于区块链技术（特别是智能合约）的出现。区块链集成了分布式数据存储、点对点传输、共识机制、加密算法等技术，具有去中心化、去信任、不可篡改、集体维护等特点，可安全高效地实现信息传输和价值转移。智能合约则是部署在区块链上的程序代码，一旦合约中的条款被触发，代码即自动强制执行。智能合约具有去中心化、去信任、可编程、不可篡改等特性，可灵活嵌入各种数据和资产，帮助实现安全高效的信息交换、价值转移和资产管理。

通常意义上的 DAO，就是指以智能合约的形式将组织的管理和运作规则编码在区块链上，从而在没有第三方干预的情况下，依照预先设定的业务规则自主运营，从而实现自运转、自治理、自演化的一种组织形态。DAO 的核心在于协作和集体决策。在一个理想的 DAO 中，没有首席执行官，也没有向员工发号施令以及监督和评价员工的管理者，任意成员均可对组织的日常运营发起提案，并由所有个体投票或以其他集体决策的方式达成共识，最后根据每位参与者的贡献为其发放 Token 奖励。区块链则保障了组织信息传输和价值传递的安全性与不可篡改性。

DAO 有望对传统制造业的组织结构和管理模式带来深刻变革，具体体现在以下方面：

（1）DAO 中没有中心节点和科层制架构，而是遵循平等、自愿、互惠互利的原则，每个节点根据自己的资源优势和才能禀赋自主参与组织的运营与管理，从而使得超大规模协作得以进行，实现跨越时间和地域的合作。

（2）在 DAO 中，企业和组织的运转规则、参与者的职责权利以及奖惩标准等均公开透明并被记录在不可篡改的区块链智能合约中。DAO 中的所有节点均可平等、公开、可信地进行信息传递和价值交换，从而最大限度地减少管理幅度，降低交易与沟通成本，提升组织的运转效率。

（3）DAO 引入了 Token 激励机制，每个成员节点均可以依据其在组织中的贡献获得相匹配的 Token 奖励，这种兼具股权、物权和货币属性的 Token，将极大提升组织成员间的协同性以及个体与组织的利益一致性，有效避免了委托 – 代理问题，实现了激励相容。如此一来，组织不再是金字塔式而是分布式，权力不再是中心化而是去中心化，管理不再是科层制而是社区自治，组织运行不再需要公司而是由高度自治的社区替代。

接下来，我们以区块链领域的 The DAO、Aragon[①]、Steemit[②]、DigixDAO[③]、达世币（DASH）[④] 等为例，介绍几种目前最为典型的 DAO 应用案例。

（1）The DAO：The DAO 是世界上最早的 DAO 项目，2006 年由德国初创公司 Slock.it 所创建。The DAO 是一个基于以太坊的去中心化风险投资基金，可视作完全由程序代码控制的风投机构，整个机构完全自治。The DAO 通过众筹得到的资金会锁定在智能合约中，每个参与众筹的用户按照其出资额获取相应的 DAO 代币（DAO Token），从而具有审查投资项目和投票表决的权利。投资议案由全体代币持有人投票表决，如果议案获得多数通过，则相应的款项会被自动划拨给该投资项目，项目的收益也会按照预先设定的规则回馈给代币持有人。2016 年 6 月，The DAO 的首次代币发行（ICO）取得了巨大成

---

① Aragon. https://aragon.org/

② Steemit. https://steemulant.com/

③ DigixDAO. https://digix.global/dgd/

④ Dash. https://www.dash.org/

功，短时间内便募集到 1270 万个以太币（当时市价约 1.5 亿美元）。然而，不久之后黑客利用智能合约中的"递归调用漏洞"（reentrancy vulnerability）发动了攻击，造成了超过 5000 万美元的以太币被盗，最后社区不得不以硬分叉的方式追回了资金。然而此举违背了"代码即法律"（code is law）的准则，以致在以太坊社区引发了巨大争议。

（2）Aragon：Aragon 是一个建立在以太坊上的用于创建和管理各类 DAO 组织（公司、开源项目、非政府组织、基金会、对冲基金）的应用，并实现了股东名册、代币转账、投票、职位任命、融资、会计等基础功能。一个 Aragon 组织完全建立在程序代码（智能合约）之上。Aragon 采用的智能合约系统被称作 aragonOS。aragonOS 保证只有授权的账户和合约（统称为实体）方可对组织实施特定操作，每个实体的权利和义务也相应地被记录在智能合约中。每一个 Aragon 组织都可以在 aragonOS 上安装 App，常见的 App 包括投票、Token 管理、金融活动等，如图 6-12 所示。组织中的成员也可以开发自己的 App 并将其添加至所在组织，从而不断丰富和拓展组织的功能。Aragon 的原生代币为 Aragon Network Token（ANT）。ANT 是基于以太坊发行的一种代币，由其拥有者的私钥所控制。组织成员可以就组织的规章制度等发起提案，并由代币持有者根据自身持有的 Token 份额大小进行投票（为保障安全，投票过程需要持有者的私钥签名），以决定接纳或拒绝该提案。此外，为了避免完全去中心化自治所带来的决策效率低下等问题，Aragon 也允许赋予特定个体较高的管理权限，在共识的基础上，组织可以根据自身情况建立特定的管理架构。

（3）Steemit：Steemit 是一个基于区块链的去中心化社交媒体平台，如图 6-13 所示。该平台鼓励优质内容的产出，用户可以通过投票、点赞、评论等形式对优质内容的创作者进行打赏。为了提高平台的吸引力，Steemit 设计了一套复杂精妙的 Token 经济激励体系。Steemit 平台共有三类 Token，分别为 Steem（STEEM），Steem Power（SP）和 Steem Dollars（SBD）。Steem 是基础代币；Steem Power（SP）类似于股权；Steem Dollars（SBD）则是平台内部的稳定币。这样的 Token 设计，使得看好平台未来发展的用户倾向于更多地持有股权 SP，而担心通证贬值的用户则更多地持有 SBD，从而一定程度上避免了通证价格波动对内容产出者收益的影响。

（4）DigixDAO：DigixDAO 来源于 DIGIX 平台，该平台旨在打造以太坊上的电子黄金交易平台。DIGIX 生态系统包含两类 Token。第一类为 DGX，它是以太坊公链上首款以实物资产作为担保的 Token（每个 Token 代表 1g 来

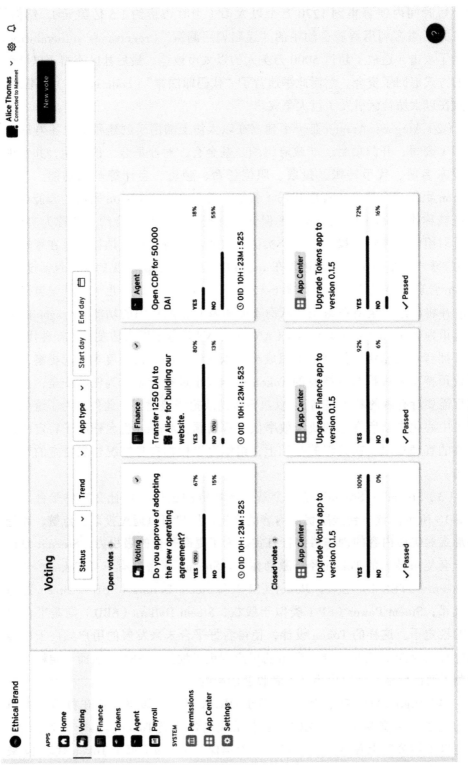

图 6-12　Aragon

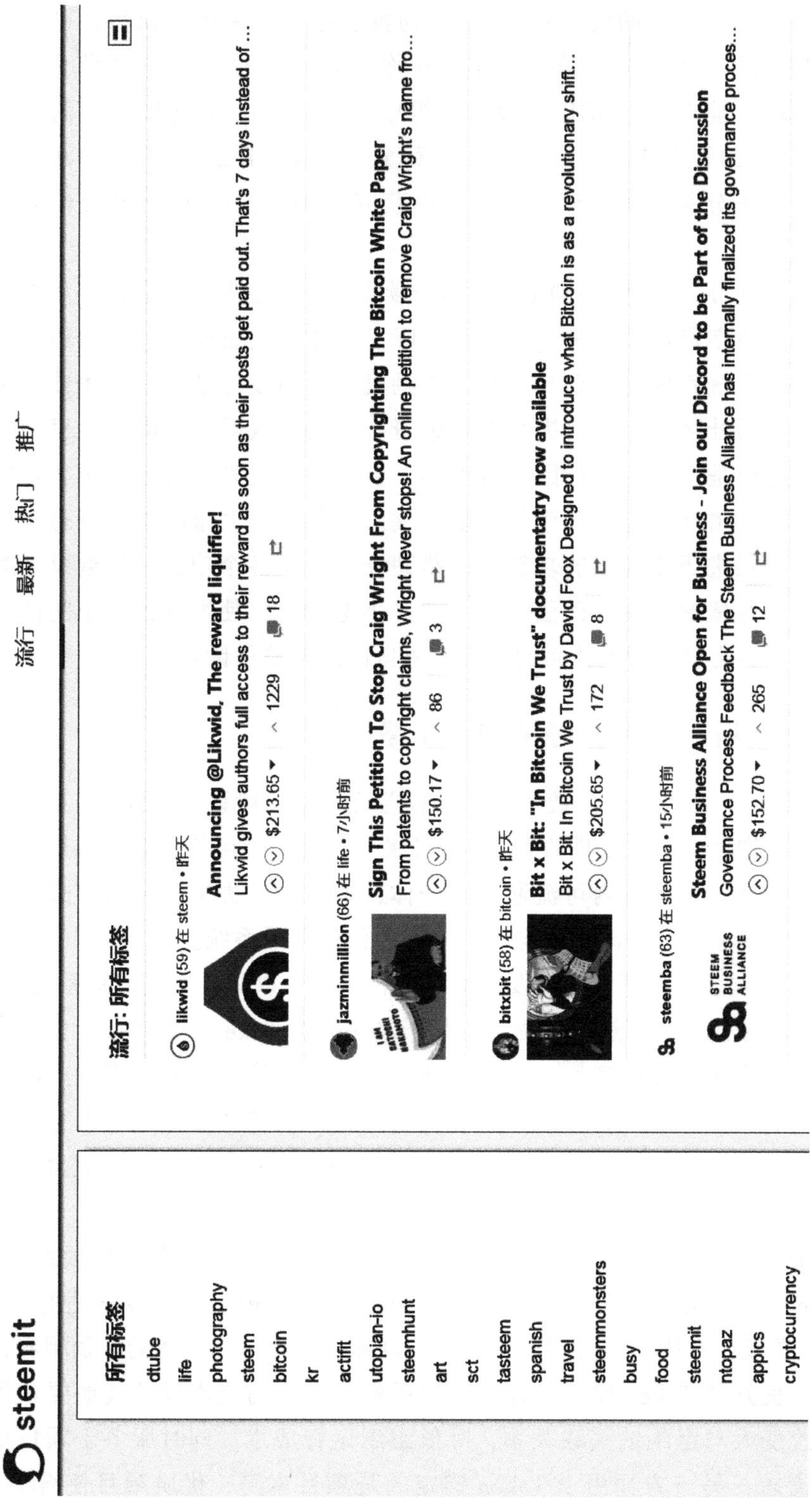

图 6-13　Steemit

自伦敦金银协会认证的实物黄金）。实物黄金通过区块链确权后，可实现安全的分割、转让和交易。第二类 Token 称为 DGD，也被叫作"管理令牌"。利用以太坊智能合约，DGD 的持有者组成 DigixDAO，并通过提案的方式参与 DigixDAO 的管理运作，以促进电子黄金的普及。DigixDAO 中的活跃用户不仅可赢取积分兑换季度奖励，还可以获取 DGX 交易费的一部分作为股权回报。

（5）达世币：达世币（DASH）是一款支持即时交易、具备较强用户隐私保护能力的数字货币，也是一个具备实际可操作性的去中心化自治组织。达世币的生态系统就像是一个具备社区奖励机制的研发团队，任何团体和个人都可向达世币社区提交项目提案并申请资金赞助。只要是有助于达世币发展的提案，无论是技术还是社区建设方面，甚至是公关外联方面，都有可能获得资金支持，由此保证达世币的稳健发展。此外，达世币网络还具有评估提案可靠性和跟进历史提案的功能，以帮助社区了解各个项目的进展以及对提案承诺的履行情况。达世币已资助了许多小型项目，使得规模较小的团队也能获得去中心化自主管理体系的帮助并将自己的想法付诸实践。

6.3.3　基于 Token 经济的员工激励

Token 是一种可流通的数字资产和权益证明。一般认为，Token 至少集股权属性（可增值，具有长期收益）、物权属性（代表使用权、商品或服务）和货币属性（在一定范围内可流通）于一体，是一种以去中心化的方式实现财富证明、财富流动、资源配置与分工协作的价值激励系统。

DAO 的发起者、开发者以及其他利益相关者等以共享形式拥有系统产权，而其他参与主体的主要经济激励则为基于区块链的 Token。由 Token 创造的经济模型被称为 Token 经济 [27]，具体是指借助 Token 这一加密数字资产的金融属性，将商品及服务进行 Token 映射，让其在区块链上实现低成本甚至零成本的交易和切割。目前，常见的 Token 类型包括支付型 Token、功能型 Token 以及资产型 Token。

每个 DAO（企业或组织）都可以发行 Token，并且通常根据项目属性，对 Token 的发行量、流通量、锁仓期、分配方式等模型相关要素进行设置。Token 模型设计本质上是机制设计问题，目标是促进参与主体的激励相容，实现共赢。良好的 Token 模型一方面将货币资本、人力资本以及其他要素资本融合，改变人与组织的关联关系，降低组织运行成本，同时服务于项目早期的资金需求；另一方面由于 Token 锚定的是项目本身，优质项目使得 Token

的市场价值不断提升，并能够更好地对参与主体形成激励。

以 6.3.2 节提到过的 Aragon 为例，Aragon 网络上的原生 Token 被称为 Aragon Network Token（ANT）。ANT 代表用户在其所在 DAO 中的 Token 份额大小。DAO 中的成员可以就组织的规则和治理发起提案，之后其他成员根据自身所持有的 Token 份额大小进行投票，以决定是否接纳该提案。需要指出的是，提案的发起者需要预存一定的 ANT 作为抵押，以促使提案者发起有益提案。

ANT 最初以公开代币出售的方式进行创造和分发，早期共有价值 275000 以太币的 ANT 被出售。如果加上预售时卖出的 ANT、赠予与 Aragon 基金会的 ANT，以及赠予 Aragon 创建者和早期贡献者的 ANT，ANT 的初始总供给量为 39609523.80952380954 ANT。分配比例如图 6-14 所示。

	数量	初始供应百分比
公开销售和预售数量	27,726,666.666666666678 ANT	70%
赠予Aragon基金会数量	5,941,428.571428571431 ANT	15%
赠予早期贡献者和创建者数量	5,941,428.571428571431 ANT	15%

图 6-14　ANT 分配比例

再以 Steemit 社区为例，其 Token 分为三类：Steem、Steem Power（SP）以及 Steem Dollars（SBD）。不同的 Token 具有不同的属性和功能。

（1）Steem：Steem 是 Steemit 平台的基础 Token，其本身也是一种虚拟货币。Steem 可兑换为 Steem Power 以及 Steem Dollars。

（2）Steem Power：Steem Power 用于衡量用户在 Steemit 社区中的影响力。一位用户拥有越多的 SP，他就越能影响文章和评论的价值。SP 不能直接兑换成现金，但是可以用来兑换 Steem，再将 Steem 兑换成现金。这样做的目的是促使用户长期持有 SP，以便更好地维护社群。此外，由于 Steem 不停地发行可能会导致通货膨胀，SP 通过高额的利息收入来防止通货膨胀并且保证 SP 持有者的长期收益。需要指出的是，当一篇文章被发布时，原作者是不能直接获得收益的，收益来源于持有 SP 用户的点赞，拥有 SP 越多的用户给原作者点赞，原作者的收益就会越多，同时点赞用户也可以分享一部分收益。

（3）Steem Dollars：Steem Dollars 是 Steem 公链中的稳定币，1 个 SBD 对标 1 美元，不管 Steem 代币价格如何浮动，用户始终可以将手上的 SBD 换成价值 1 美元的 Steem Token，这就在区块链内部形成一个 Steem 的价格定价机制（比如用户有 1 个 Steem Dollars，当前 Steem 的市值为 1.5 美元一个，那么用户就会得到 0.666667 个 Steem，之后可以在交易所里面兑换成 1 美元）。

Token 经济激励带来的影响是巨大的，以往的组织或企业，不论是以控股股东利益最大化还是以公司利润最大化为主要目标，都不能兼顾全体股东、利益相关者以及社会的利益。Token 经济激励使得组织内部人和人、人和组织之间形成一种利益互补关系，每个组织节点都根据自己的资源优势和才能资质在系统中做出贡献并获得相应的 Token，从而有效降低组织的沟通成本、摩擦成本和交易成本，进而产生强大的协同效应。此外，Token 激励强调组织的长远目标，鼓励员工创造性地（而非被动）完成企业愿景和业绩目标，因而 Token 经济激励提供的不仅是激励的结果，而且是提供激励组织结构发展完善的动力。面向未来，如何通过更为有效的机制设计激发各利益群体的积极性，以及如何权衡各方利益，是 Token 经济激励所要进一步解决的问题。

参考文献

[1] 袁勇，王飞跃. 3D 打印与社会制造：成就产业升级的"中国梦" [J]. 紫光阁，2013，(7)：68-69.

[2] 王飞跃. 从社会计算到社会制造：一场即将来临的产业革命 [J]. 中国科学院院刊，2012，(6)：658-669.

[3] 熊刚，商秀芹. 个性产品的智能制造：从大规模定制到社会制造 [J]. 自动化博览. 2016，(9)：28-32.

[4] 江平宇，丁凯，冷杰武. 社群化制造：驱动力、研究现状与趋势 [J]. 工业工程，2016，19(1)：1-9.

[5] 江平宇，丁凯，冷杰武，等. 服务驱动的社群化制造模式研究 [J]. 计算机集成制造系统，2015，21(6)：1637-1649.

[6] JIANG P Y, DING K, LENG J W. Towards a Cyber-physical-social-connected and Service-oriented Manufacturing Paradigm: Social Manufacturing[J]. Manufacturing Letters, 2016, 7: 15-21.

[7] ZHOU Y, XIONG G, NYBERG T, et al. Social Manufacturing Realizing Personalization Production: A State-of-the-art Review[C]//2016 IEEE International Conference on Service Operations and Logistics, and Informatics(SOLI). Beijing, China, 2016: 7-11.

[8] 江平宇，冷杰武，丁凯. 社群化制造模式的边界效应分析与界定 [J]. 计算机集成制造系统，2018，24(4)：829-837.

[9] HAMALAINEN M, MOHAJERI B, NYBERG T. Removing Barriers to Sustainability

Research on Personal Fabrication and Social Manufacturing[J]. Journal of Cleaner Production, 2018, 180: 666-681.

[10] WANG F Y. The Emergence of Intelligent Enterprises: From CPS to CPSS[J]. IEEE Intelligent Systems, 2010, 25(4): 85-88.

[11] JIANG P Y, DING K. Analysis of Personalized Production Organizing and Operating Mechanism in a Social Manufacturing Environment[J]. Proceedings of the Institution of Mechanical Engineers, Part B: Journal of Engineering Manufacture, 2018, 232(14): 2670-2676.

[12] JIANG P Y, LENG J W, DING K, et al. Social manufacturing as a Sustainable Paradigm for Mass Individualization[J]. Proceedings of the Institution of Mechanical Engineers, Part B: Journal of Engineering Manufacture, 2016, 230(10): 1961-1968.

[13] XIONG G, WANG F Y, NYBERG T R, et al. From Mind to Products: Towards Social Manufacturing and Service[J]. IEEE/CAA Journal of Automatica Sinica, 2017, 5(1): 47-57.

[14] JIANG P Y, LENG J W, DING K. Social Manufacturing: A Survey of the State-of-the-art and Future Challenges[C]//2016 IEEE International Conference on Service Operations and Logistics, and Informatics (SOLI). Beijing, China, 2016: 12-17.

[15] MOHAJERI B, NYBERG T, KARJALAINEN J, et al. The Impact of Social Manufacturing on the Value Chain Model in the Apparel Industry[C]//Proceedings of 2014 IEEE International Conference on Service Operations and Logistics, and Informatics. Qingdao, China, 2014: 378-381.

[16] SHANG X Q, SHEN Z, XIONG G, et al. Moving from Mass Customization to Social Manufacturing: A Footwear Industry Case Study[J]. International Journal of Computer Integrated Manufacturing, 2019, 32(2): 194-205.

[17] SHANG X Q, LIU X W, XIONG G, et al. Social Manufacturing Cloud Service Platform for the Mass Customization in Apparel Industry[C]//Proceedings of 2013 IEEE International Conference on Service Operations and Logistics, and Informatics. Dongguan, China, 2013: 220-224.

[18] SHANG X Q, WANG F Y, XIONG G, et al. Social Manufacturing for High-end Apparel Customization[J]. IEEE/CAA Journal of Automatica Sinica, 2018, 5(2): 489-500.

[19] LENG J W, JIANG P Y, ZHANG F Q, et al. Framework and Key Enabling Technologies for Social Manufacturing[J]. Applied Mechanics and Materials, 2013, 312: 498-501.

[20] KARJALAINEN J, XIONG G. Social Manufacturing and Business Model Innovation[C]// 2016 IEEE International Conference on Service Operations and Logistics, and Informatics (SOLI). Beijing, China, 2016: 18-23.

[21] 袁勇,王飞跃. 区块链技术发展现状与展望 [J]. 自动化学报, 2016, 42(4): 481-494.

[22] LIU J J, JIANG P Y, LENG J W. A Framework of Credit Assurance Mechanism for Manufacturing Services under Social Manufacturing Context[C]//2017 13th IEEE Conference on Automation Science and Engineering (CASE). Xi'an, China, 2017: 36-40.

[23] 袁勇，王飞跃 . 平行区块链：概念、方法与内涵解析 [J]. 自动化学报，2017，43(10)：1703-1712.

[24] OUYANG L W, YUAN Y, WANG F Y. A Blockchain-based Framework for Collaborative Production in Distributed and Social Manufacturing[C]//2019 IEEE International Conference on Service Operations and Logistics, and Informatics (SOLI). Zhengzhou, China, 2019: 76-81.

[25] OSTROM E. Beyond Markets and States: Polycentric Governance of Complex Economic Systems[J]. American Economic Review, 2010, 100(3): 641-672.

[26] POWELL W W. Neither Market nor Hierarchy: Network Forms of Organization[J]. Research in Organizational Behavior, 1990, 12: 295-336.

[27] WANG F Y, ZHANG J J, QIN R, et al. Social Energy: Emerging Token Economy for Energy Production and Consumption[J]. IEEE Transactions on Computational Social Systems, 2019, 6(3): 388-393.

第 7 章

区块链 +
物联网

物联网是智能制造的重要组成部分和关键技术支撑。物联网与制造业的有机结合，以及由此催生出的制造物联网（Internet of manufacturing things，IoMT）技术，已经成为融通物理和信息空间、实现制造业的智能化转型升级的重要保障。本章将首先概述物联网的基本概念、模型及其在制造业中面临的问题和挑战；其次，阐述区块链与物联网相结合而形成的区块物联网（blockchain of things，BoT）的特点、优劣势分析以及研究框架；再次，在此基础上，以适用于物联网环境的区块链系统 IOTA 为例，介绍其技术原理和应用场景；最后概述区块链 + 物联网在智能制造领域的若干示范案例。

7.1 物联网的问题与挑战

顾名思义，物联网就是由物理对象（"物"）组成的网络，通过传感、处理和通信单元来感知物理事件、分析和交换数据，以及管理和控制环境要素，从而在不需要或者很少需要人工干预的情况下做出实时决策和远程监控。物联网将基于互联网的信息连接，拓展到智能化设备之间的连接，能够深刻地改变人类的生产方式以及整个社会的运作方式，并将很快成为人类生活不可或缺的一部分。

智能设备数量的迅猛增长是物联网技术快速发展的重要推动因素。据 Gartner 预测，物联网可以连接的智能设备数量将在 2019 年达到 142 亿，到 2021 年增长到 250 亿，如图 7-1 所示。IBM 商业价值研究所发布的咨询报告《设备民主：拯救物联网的未来》（*Device Democracy: Saving the Future of the Internet of Things*）则预测到 2050 年，物联网连接的智能设备的数量将超过

1000 亿。可以预见，未来的汽车、电视、电表、智能手机、温度传感器、家用电器等几乎所有我们能想象到的物理设备，都可以通过物联网加以连接，并重塑交通、教育、医疗、农业和制造等诸多领域，形成车联网（Internet of vehicles，IoV）、工业物联网（industrial Internet of things，IIoT）甚至万物联网（Internet of everything，IoE）等智能网络。

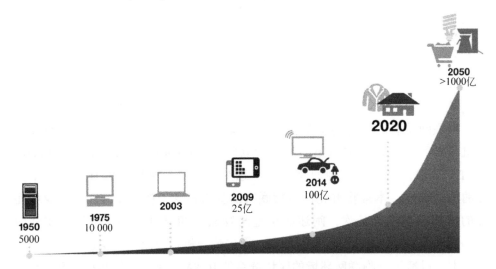

图 7-1　IBM 预测计算设备的数量将快速增长

7.1.1　物联网的定义与历史

近年来，物联网技术随着互联网、大数据和人工智能等新兴前沿技术的发展而兴起。然而，目前业界尚无公认的物联网定义，各个行业和组织机构都倾向于从各自的视角来理解和定义物联网。

一种常见的定义是：物联网是通过射频识别（RFID）、红外感应器、全球定位系统、激光扫描器等信息传感设备，按照约定的协议，把任何物品与互联网连接起来，进行信息交换和通信，以实现智能化识别、定位、跟踪、监控和管理的一种网络；其目的是让所有的物品都与网络连接在一起，以方便识别和管理，其核心则是将互联网扩展应用于我们所生活的各个领域。

除此之外，百度百科将物联网定义为"万物相连的互联网"，是互联网基础上的延伸和扩展的网络，将各种信息传感设备与互联网结合起来而形成的一个巨大网络，实现在任何时间、任何地点，人、机、物的互联互通。Gartner 则将物联网定义为由物理对象组成的网络，这些物理对象集成了嵌入式技术以对其内部状态和外部环境进行通信、感知和交互。

物联网技术的发展有较长的历史。一般认为第一个联网设备是一台 Sunbeam 豪华自动辐射控制烤面包机，是 1990 年由约翰·罗姆奇（John Romkey）通过 TCP/IP 协议连接到互联网。这台烤面包机只能通过网络控制它打开电源，其他操作均需要人类完成；一年后，一个同样由网络控制的小型机器臂被集成到烤面包机上，以代替人类放入面包 ①。1999 年，麻省理工学院自动识别中心的创始人凯文·阿什顿（Kevin Ashton）首次提出物联网的概念，指出物联网是由 RFID 设备和其他传感器共同组成的全球标准系统，具有比互联网更大的发展潜力 [1]。2005 年，国际电信联盟（International Telecommunication Union，ITU）发布的《ITU 互联网报告 2005：物联网》则扩充了物联网的含义，把物联网解析为互联网维度的延伸，并把 RFID、传感网技术、智能器件、纳米技术和小型化技术作为能够引导物联网发展的技术。这里智能器件、纳米技术和小型化技术都是针对智能设备的，因而物联网的"物"从 RFID 设备和传感器拓展为包括各式各样的智能设备。物联网也开始被认为是信息社会的全球基础设施，通过基于现有和正在发展的、可互操作的信息与通信技术将物理世界和虚拟世界的事务连接起来，实现智能化的感知、处理与反馈操作等服务。

2005 年起，物联网技术在世界范围内逐渐兴起，并得到各国政府和科技组织的广泛关注。2008 年，美国政府依托 IBM 公司提出的"智慧地球"计划，将物联网升级为国家战略并视其为振兴经济、确立优势战略的重要组成部分，旨在通过物联网和大数据将基础设施和社会资源联系起来，提高资源的整体使用效率和社会总体效率。2009 年，欧盟制定了物联网行动方案并发布《欧盟物联网战略研究路线图》，提出物联网在航空航天、汽车制造、医疗健康等 18 个主要领域需要突破的关键技术和研发路线图。日本继 2001 年提出致力于实现全面电子化的 E-Japan 计划和 2004 年提出致力于实现全面泛在化的 U-Japan 计划之后，于 2009 年再次提出"I-Japan"信息技术战略，致力于实现泛在的信息化服务，物联网是这一系列计划的重中之重。韩国则在 2004 年提出 U-Korea 战略，通过 IPv6 和 RFID 等物联网相关技术，为韩国人民提供智能化物联服务。2011 年，物联网技术首次被列入 Gartner 新技术成熟度曲线，其在曲线中的位置尚处于技术萌芽期（technology trigger）的末期，并即将进入过高期望的峰值期（peak of inflated expectations），而截至 2018 年，物联网已经接近第三阶段，即泡沫幻灭的低谷期（trough of disillusionment）②。

我国物联网技术研发基本与国外同步。2009 年，中国政府提出"感知中国"

---

① https://blog.avast.com/the-internets-first-smart-device

② https://www.secrss.com/articles/13760

计划，将物联网写入政府工作报告并引发社会的极大关注。2010 年，国务院印发《关于加快培育和发展战略性新兴产业的决定》，物联网作为新一代信息技术的重要代表性技术被列入其中，成为国家首批加快培育的 7 个战略性新兴产业，对中国物联网的发展具有里程碑式的重要意义。2015 年，国务院印发的《中国制造 2025》规划则强调要"加快开展物联网技术研发和应用示范，培育智能监测、远程诊断管理、全产业链追溯等工业互联网新应用"。2018 年 5 月，习近平总书记在中国科学院第十九次院士大会和中国工程院第十四次院士大会上指出："以人工智能、量子信息、移动通信、物联网、区块链为代表的新一代信息技术加速突破应用"，从国家战略的角度肯定了物联网和区块链的重要技术价值和社会意义。

7.1.2 物联网的架构模型

2012 年 6 月，国际电信联盟电信标准化部门（ITU-T）在其名为"物联网概述"的建议书（Y.2060）中提出了物联网的 4 层参考架构模型[①]。该模型由设备层（device layer）、网络层（network layer）、服务支持和应用支持层（service support and application support layer）以及应用层（application layer）组成，同时包含与每个层次相关联的管理能力与安全能力[②]。

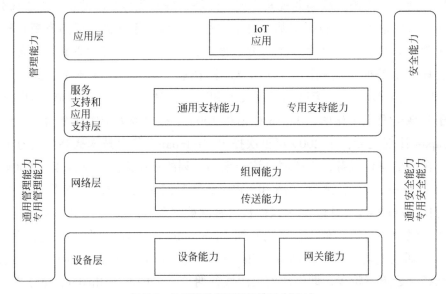

图 7-2　物联网的参考架构模型（ITU）

---

① ITU-U 的 Y 系列建议书专注于全球信息基础设施、互联网的协议问题和下一代网络。

② https://www.itu.int/rec/T-REC-Y.2060-201206-I

每层所能提供的关键能力如图 7-2 所示。

（1）设备层：该层能提供的能力可以从逻辑上分为两类，即设备能力和网关能力。

- 设备能力包括但不限于：首先是直接与通信网络交互的能力，即设备无须使用网关能力即可直接采集和上传信息到通信网络，同时能够直接从通信网络接收消息和指令；其次是间接与通信网络交互的能力，即设备能够通过网关能力间接地采集和上传信息到通信网络，同时能够间接从通信网络接收消息和指令 [①]；第三是构造自组织网络的能力，即设备可以在某些需要增强的扩展性和快速部署能力的场景下，以自组织方式构造网络；最后是睡眠和唤醒能力，即设备可能支持睡眠和唤醒机制，以节省能源。

- 网关能力包括但不限于：首先是支持多重接口。一方面，设备层的网关能力支持设备之间通过不同种类的有线或者无线技术（例如控制器局域网总线、ZigBee、蓝牙或者 Wi-Fi）加以连接；另一方面，网络层的网关能力可以通过不同的技术互相通信，例如公共交换电话网（public switched telephone network，PSTN）、2G 或者 3G 网络、长期演进网络（long-term evolution network，LTE-N）、以太网或者数字用户线路（digital subscriber lines，DSL）等。其次是协议转换能力，常见于两种情形，即设备层通信采用不同协议时，或者设备层和网络层通信使用不同协议时。

（2）网络层：该层包含两类能力，首先是组网能力，即提供相关的网络连接控制函数，例如访问和传输资源控制函数，移动管理与认证，授权与审计等；其次是传输能力，重点是为物联网服务和领域专用数据信息的传输提供连接能力，例如传输物联网相关的控制与管理信息等。

（3）服务支持和应用支持层：该层包含两类能力，首先是通用支持能力，即不同物联网应用之间的通用支持能力，例如数据处理或者数据存储。这些能力也可以被用来构建其他的专用支持能力。其次就是专用支持能力，这是为多样化的应用需求量身定制的专有能力，可能包括各种各样的能力组群，来为不同的物联网应用提供不同的支持函数。

（4）应用层：该层主要包含各种物联网应用。

（5）管理能力：与传统通信网络类似，物联网的管理能力包含传统的故

---

① 单个设备不必同时支持与通信网络的直接和间接通信能力。

障管理、配置管理、结算管理、性能管理和安全管理，一般可以分为通用管理能力和专用管理能力。

- 通用管理能力：包括设备管理（例如远程设备激活或去活、诊断、固件或软件升级、设备工作状态管理等）、本地网络拓扑管理、流量与拥塞管理（例如监测网络溢出条件、实施时间关键型和 / 或生命关键型数据流的资源保留等）。
- 专用管理能力：与特定应用的需求紧密耦合，例如智能电网输电线监测需求。

（6）安全能力：同样包括通用和专用安全能力两类。

- 通用安全能力：独立于具体应用，包括设备层的认证、授权、设备完整性验证、访问控制、数据保密性与完整性保护；网络层的认证、授权、使用数据和信令数据保密性以及信令完整性保护；应用层的认证、授权、应用数据保密性和完整性保护、隐私保护、安全审计与防病毒。
- 专用安全能力：与特定应用的需求紧密耦合，例如移动支付、安全需求等。

7.1.3 物联网在制造业中的应用：机遇与挑战

近年来，制造业正逐步进入"工业 4.0"、数字化和智能化转型的时代，各大制造业厂商越来越多地在其制造流程中使用各类智能设备，并将物联网技术相关的软硬件、通信传感器和无线连接设备等添加到其产品中，这使得制造业成为目前物联网项目落地最多的市场，同时也是迄今为止物联网投资最多的市场。根据 IDC 预测数据显示，2016 年制造业在物联网领域的总支出达到 1780 亿美元，是第二大垂直市场（交通运输业）物联网支出的两倍多。超过 55% 的离散制造商正在研究、试验或制定其物联网战略。预计到 2020 年，消费者和制造企业将会使用超过 300 亿部物联网智能设备，物联网市场将从 2013 年的 1.3 万亿美元增长到 2020 年的 3.04 万亿美元。可以说，物联网技术在制造业领域面临着前所未有的发展机遇。

然而，要充分发挥物联网技术的优势，实现制造业在物理空间和信息空间相互融合的信息物理系统（CPS）范式，仍然存在诸多关键挑战和障碍，使得制造商在加大物联网投资时面临着不确定性困境。这些挑战中，最为重要、同时也是学术界和工业界最为重视的就是物联网的中心化架构问题，以及随之而来的安全与隐私保护问题。解决这些技术挑战和实践问题，对于物联网技术在制造业的集成、维护、管理和服务等各方面都有重要意义。诚然，制造业与物联网技术的结合仍处于初级阶段，随着二者的不断融合，制造流程中的人员、机器人、传感设备和无人软硬件系统将会全天候、实时、无缝地交互和协作，到时我们今天尚未重视甚至无法想象的潜在威胁与挑战将会持续涌现出来。

1. 中心化架构挑战

目前，中心化的架构模型广泛地应用于物联网系统中不同节点之间的认证、授权和连接，其中物联网实体之间的交互操作都被委托给统一、集中的服务提供商。这种存在于大多数物联网解决方案中的集中式架构明显简化了物联网实体之间的交互操作、数据采集与交换过程，但同时也要求所有物联网设备及其所有者都必须信任这个中心化机构、组织甚至是智能设备。随着物联网设备数量增长到百亿甚至千亿级别时，集中式架构将成为物联网技术的"阿喀琉斯之踵"。当集中式服务器需要处理的数据量和计算量越来越大、网络带宽负担越来越重、安全风险越来越高时，中心化的物联网系统由于单点故障而导致崩溃并失败将越来越成为常态，并由此带来安全性和隐私保护等方面的严峻挑战。例如，集中式服务提供商可能会非法地使用、监控和泄露物联网数据，同时也可能会遭受恶意活动的攻击，从而给整个系统带来严重的后果。在中心化服务器出现单点故障时，物联网设备必须能够可靠地独立执行任务，因此本地化处理和存储能力变得越来越重要。由此可见，去中心化的物联网架构是解决这一问题的必由之路。

为解决这一问题，研究者相继提出各类去中心化的物联网架构，力图将数据存储和计算任务由云端中心转移到边缘设备。例如，近年来提出的雾计算以及其后的边缘计算等架构中[2, 3]，一些过去由中心化服务器处理的关键计算任务将分布到边缘设备，仅将计算结果（而不是原始数据）返回到中心服务器。这种架构极大地减少了对中心化服务器的带宽和计算能力的需求，能够实现部分去中心化。再如，基于 P2P 的网络架构是另一种解决方案，相邻设备可以在 P2P 网络中直接交互，从而识别、验证和交换信息，而不需要在它们之间使用任何的中间节点或者中介代理。

2. 安全与隐私保护

物联网系统容易受到各种各样的恶意网络攻击，常见的攻击手段包括僵尸网络和 DDoS 攻击、恶意入侵和远程控制物联网设备、窃取和泄露隐私数据等。首先，僵尸网络已经成为物联网安全威胁的重要组成部分。例如 2016 年 Mirai 僵尸网络感染了约 250 万物联网设备，包括打印机、路由器和联网摄像头等，并发动了分布式拒绝服务 DDoS 攻击，企图利用被感染的设备同时连接到目标网站，破坏服务器。其次，攻击者可能会恶意入侵物联网设备，并远程控制这些设备执行非法操作，例如摄像头的远程非法拍录、智能车的远程控制、智能家居设备的远程操控等。最后，获取敏感隐私数据也是物联网安全攻击的主要目的之一，攻击者可能通过远程控制物联网设备入侵内部网络，窃取企业和个人的敏感隐私数据。

在诸多安全威胁的情况下，中心化的物联网架构无疑是恶意攻击者天然的"标靶"。因此，解决物联网安全问题的关键之一就是以去中心化（或者部分去中心化）的方式实施物联网设备之间的数据交换、交易谈判和协同工作，这样就没有单一的中心化实体能够控制其他物联网设备，从而极大地降低系统单点故障的影响和安全攻击的风险。去中心化设计不仅可以提供安全性，同时也可以借助区块链等技术在物联网智能设备之间建立互信，使得用户可以在没有中介机构的情况下选择与第三方实体共享、交换或者出售传感器数据，这种物联网的去中心化数据访问模型将确保用户数据不被委托给集中的中介机构或者实体，从而使得数据成为用户自己的资产，在保护隐私的同时也消除了中介机构产生的成本。

7.2　区块链＋物联网：技术原理

物联网的中心化架构带来性能和安全性方面的种种挑战，而区块链技术的最大特色就是其去中心化架构设计，以及由此带来的数据不可篡改、安全可靠、去中介价值传输等优势，因此物联网和区块链被认为是"天作之合"，二者的有机结合将对现代制造产业生态带来深刻变革。

7.2.1　区块链＋物联网的机遇与挑战

物联网（IoT）承诺将我们周围环境中的每一个物理对象变成一个智能对象，从而使我们的生活更加方便。近年来，物联网的指数级扩展在安全、隐私、可扩展性和可移植性等方面带来了根本性的挑战。物联网设备即使在执行诸如传感、处理、数据收集和通信等简单任务时，也需要有效的架构。区块链提供了许多吸引人的特性，比如分散性、持久性、匿名性和可审核性。这些特性使区块链成为解决物联网中一些最具挑战性的问题的一个有前景的解决方案。物联网应用程序通常可以使用区块链访问和存储数据。用户必须能够使用安全的手段从任何位置远程访问数据，并确保存储在网络中的数据的隐私保护。

1. 机遇

区块链技术将在以下 5 个方面为制造物联网领域带来潜在机遇。

1）制造物联网的数据管理

区块链技术为制造物联网企业提供了一种公开透明、不可篡改、不可伪造，安全可信的方式记录和管理制造过程实时生成的数据、事务或者交易。物联网和区块链技术的有机结合，将会提供一种可验证的、高鲁棒性的、高安全可信的机制，用于存储和管理由智能连接设备生成或处理的数据。这个由相互连接的设备组成的分布式物联网网络将能够与环境进行交互，并在没有人工干预的情况下自主做出决策。区块链的本质是运行在点对点（P2P）网络上的分布式账本，由网络节点通信和验证新区块中封装的数据；区块链账本是不可篡改的，一旦数据被记录在区块链中，任何对数据的修改都必须经过大多数网络节点的验证，这在较大规模的制造企业节点组成的分布式网络中通常是非常难以实现的。因此，区块链能够有效地防止事务的恶意调整或删除。此外，区块链系统中每个节点都保存一份数据账本，所有参与者（根据系统设计）都可以看到所有的数据和区块，因此可以方便地实现数据共享，而数据内容也可以通过参与者的私钥保护，因此也可实现隐私保护。

2）制造物联网设备的身份访问管理

制造物联网设备可以利用基于区块链的身份识别和访问管理系统来加强其安全性和隐私保护。物联网设备可以使用非对称加密算法和公私钥来参与区块链中的匿名身份管理，其中公钥和私钥并不能显示设备本身的真实身份；基于区块链的身份和访问管理系统可以提供更强的防御能力，抵御涉及 IP 欺骗或 IP 地址伪造等方面的安全攻击。公有区块链允许制造业生态系统的参与者识别每一个制造设备，并在制造物联网应用中实现制造设备的可信分布式自动认证和授权。此外，制造物联网设备也可以使用私有区块链存储单个设备及配置的加密哈希值，从而创建设备状态和配置的永久记录，可用于验证给定设备的真伪及其软件和设置是否被篡改。

3）去中心化制造物联网

区块链的去中心化特性将解决传统物联网的中心化架构带来的问题。传统物联网系统通常要求每个数据、交易和事务都要经过集中式的授权和验证，这不可避免地会导致中心节点的性能瓶颈和单点故障。相反，在区块链中不再需要中心化第三方验证，也没有权威机构及其相关的层级结构来批准事务、或者设置特定的规则来接受事务，而是通过"全民参与记账"的方式、通过大多数参与者共同验证交易并达成共识，因此共识算法可以保持数据一致性。采用区块链系统中常见的P2P网络模型来处理智能设备之间可能数以亿计的交易和事务，有望极大降低安装和维护大型数据中心的成本，并将计算和存储需求分散到构成物联网网络的数十亿台智能设备上，有效防止网络中任何单个节点的故障导致整个网络停止和崩溃。

4）安全与隐私保护

制造物联网成功的关键挑战之一是如何确保数以亿计的物联网交易和制造设备的安全。区块链的分布式自治、密码学算法、全网验证和共识等特点使其成为解决制造物联网安全的理想方案，能够使得大量不可信的节点通过共识算法和激励机制的驱动形成一个可信和安全的分布式网络，这正是制造物联网中大量异构设备所需要的。换言之，只有全部或者大多数物联网节点是恶意的，才有可能成功执行攻击。区块链提供了一个不能被单个实体篡改或者控制的分布式交易账本，能够有效促进传感器数据的可跟踪性和可问责性，使得跟踪数十亿个相互连接的设备、事务处理和设备内部协调成为可能。物联网设备可以通过区块链技术保持信息的安全可靠性，以及提供100%的正常运行时间，从而使得制造物联网企业节省它们的资源和预算。隐私保护对物联网来说也是至关重要的问题，要求在设备之间生成、处理和传输大量对隐私敏感的数据。随着近年来各种新型密码学算法（例如零知识证明、同态加密、安全多方计算等）的发展以及在区块链领域的成功应用，区块链技术已经成为解决物联网中的匿名身份管理问题的有效方案，能够在处理个人数据时隐藏个人身份，保护用户数据隐私。

5）制造生态系统的机器经济

机器对机器（machine-machine，M2M）经济是制造物联网环境下自主智能设备的创新交互模式，旨在实现大规模物联网环境下的"设备民主"（device democracy）。在未来十年中，全世界互联网设备数量将会数以百亿计，其中的自主智能设备也将成为制造经济体系的参与者，它们可能拥有自己的银行账户，能够出租自己、雇用自己的维修工程师并支付自己的维修费和更换零部件等。要实现如此庞大数量的自主设备交互和交易，其中最主要的一个挑战就是大量的小额甚至微额交易，采用目前的法定货币难以满足需求。区块链和加密货币是实现M2M经济的关键技术。加密货币可以按照需求设计成任意小的货币单元（例如1个比特币可以切分成108聪），并且可以通过智能合

约灵活和自动化地控制每一个货币单元的使用方式，因此可望在制造业 M2M
经济体系中起到重要作用。

2．挑战

区块链有助于促进制造物联网的发展，但与此同时，区块链技术本身也
仅是问世 10 年的新兴技术，其并非完美且有自身的种种缺陷和挑战，这使得
区块链和物联网两种技术的相互融合必然也存在或者催生出新的问题与障碍。

具体来说，这些问题主要体现在以下三个方面。

1）区块链本身的性能与可扩展性

性能和可扩展性是目前限制区块链技术落地的重要问题，主要体现在区
块链共识挖矿过程、交易打包和区块广播等过程的高延时性，区块大小限制
下交易的低通量性，以及挖矿过程的大量算例需求所导致的高能耗性。该问
题与区块链系统的去中心化与安全性在深层机理层面相互制约、彼此限制，
被业界统称为区块链领域的"不可能三角"问题（即区块链的去中心化、安
全和高效三者难以兼得），严重制约了区块链的拓展应用。该问题的存在限制
了去中心化公有链的可扩展性和安全性，无法达到中心化系统的高效。就大
规模、分布式的制造物联网环境来说，如果确保区块链应用的去中心化和安
全性，则必然需要牺牲区块链的高效性。因此，目前的区块链（特别是公有
链）的性能普遍不高，例如比特币底层的区块链系统每秒只能处理 3~7 笔交易，
这是区块链在物联网应用场景中的潜在瓶颈之一。现阶段，区块链性能的约
束问题也成为业界研究的重点。为解决该问题，研究人员已提出多种不同的
方案，例如区块链的新架构设计、分层 / 分片设计、参数优化配置、共识算法
创新等 [4]。

2）区块链在物联网应用中的约束问题

现有区块链系统在与物联网相集成时，由于物联网设备的功率和存储资
源有限，因而可能面临着资源约束、带宽约束、时间延迟和交易费用等方面
的限制，具体如下。

（1）存储资源约束：物联网设备在存储方面的资源有限，而区块链技术
通常需要较高的存储资源。例如，一般低功耗物联网设备的数据内存为 KB 或
MB 级，而区块链节点需要的存储容量则是 GB 级，且随着时间和连接设备数
量的增长而持续增长。区块链全节点需要存储所有数据以便验证新生成的数
据，而物联网通常包含大量节点并实时产生海量的新数据，这使得区块链难
以运行在轻量级物联网设备上，难以有效地处理资源密集型区块链账本的高

冗余存储、全节点共识验证和分布式节点数据加密。

（2）计算资源约束：物联网设备通常必须具有较低的计算能力、较少的存储空间和非常低的功耗。主流区块链共识算法（特别是工作量证明类）的计算要求远远超出了低功耗、资源受限的物联网设备的计算能力，因此一般来说低功耗的物联网终端设备和边缘设备不适合运行区块链，特别是公有链。然而，如果采用新兴的（但尚未经过有效验证的）权益证明或者其他类型的共识算法，则有可能基于较少的计算量达成共识验证。此外，如果物联网系统中存在高性能服务器，也可以结合弱中心化或者多中心化的联盟链与私有链技术，将集中式物联网部署连接到多中心化的区块链网络，形成区块链 + 物联网领域新兴的"云 – 链"协同或者"云 – 端 – 链"协同模式。

（3）带宽约束：区块链的共识算法执行过程需要分布式节点之间大量的通信来验证数据和区块的正确性和一致性，因此需要较高的带宽需求。例如，常用的区块链共识算法 PBFT 需要指数级通信需求，即 n 个分布式节点需要 $O（n^2）$ 级别的通信数量。因此，现有的主流区块链共识算法的带宽需求可能都远远超出应用程序本身的带宽需求和物联网设备的通信能力。

（4）时间延迟：物联网应用程序通常都有较高的实时性要求，即物联网设备在确知某些事务或者数据后必须立即触发和执行响应动作。由于共识过程的时间限制，区块链技术通常无法满足动态和实时的场景，因为物联网设备必须等待数据通过全部（或大多数）共识节点的验证并写入区块链之后才能确知。以比特币系统为例，这种共识过程通常需要 10 min 左右，而确认数据不可篡改则需要等待 6 个区块确认，即大约 1 h。因此在这类实时应用场景中应用区块链技术，将不可避免地降低设备的响应能力，从而不适用于时间敏感的物联网场景。

（5）交易费：大多数公有区块链系统都需要对数据和交易收取费用，以便激励参与共识过程的分布式物联网设备。因此，如果物联网设备将所有数据和交易记录到公有区块链上，可能会产生大量经济成本。

3）区块链 + 物联网的安全与隐私保护问题

数据敏感的区块链 + 物联网应用场景中，确保数据、系统和设备的安全性以及数据和数据计算的隐私机密性是至关重要的。区块链技术可以为物联网安全和隐私保护带来行之有效的解决方案，同时也会引发新的问题。主要体现在以下三个方面。

（1）恶意或者错误数据上链：当物联网设备因故障或感染病毒而无法正常工作时，其产生的恶意或者错误的数据将有可能被记录到区块链中，而由于区块链数据账本的不可篡改性，一旦恶意数据或者错误数据上链，其带来的负面影响和安全隐患将持续存在且极难消除。

（2）智能合约安全问题：区块链上运行的智能合约也必须合理地设计，如果在设计阶段引入了不可预知的错误，由于智能合约是确定性的，一旦部署运行后既不可编辑也无法停止，这种特性将极大地增加物联网系统的安全隐患和风险。因此，区块链设计者必须在代码中尽可能周全地考虑和预防各种安全攻击场景（例如在发生错误时收回资金），以尽可能地减轻负面影响。

（3）公有链隐私保护问题：比特币等类型的公有链的所有节点都可以访问区块链的公开数据。为实现隐私保护，研究者已经提出采用同态加密和零知识证明等密码学算法，使得敏感数据和交易只对发送方和接收方可见，同时仍然允许其他网络节点验证数据有效性。然而，对于资源受限的物联网环境来说，这些技术可能会因计算、存储和通信方面的资源限制而无法大规模实用。

7.2.2　区块链 + 物联网的基本模型

尽管区块链 + 物联网具有公认的良好的发展潜力和前景，然而如何在物联网环境中部署区块链仍然是争论不休的话题。

通常来说，现有文献表明区块链 + 物联网具有如图 7-3 所示的三类部署方式 [5]。

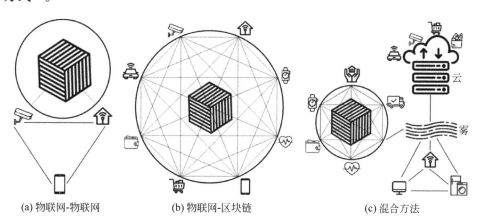

(a) 物联网-物联网　　　　(b) 物联网-区块链　　　　(c) 混合方法

图 7-3　区块链 + 物联网的部署方式

（1）物联网 – 物联网模型（IoT-IoT）：如图 7-3（a）所示，物联网设备之间通过路由发现机制相互通信。只有部分物联网数据将存储在区块链中，而物联网之间的交互并不使用区块链。这种方法在具有低延迟的可靠物联网交互的场景中非常有用。

（2）物联网 – 区块链模型（IoT-Blockchain）：如图 7-3（b）所示，所有的交互及其相关数据都经过区块链，并形成不可篡改的、易于追溯的交互记录。这种方法在交易和租赁场景中非常有用，可以获得可靠性和安全性；然而记录所有的交互不可避免地会增加带宽和数据资源的消耗。

（3）混合方法（Hybrid Approach）：如图 7-3（c）所示，只有部分交互发生在区块链中，其余部分在物联网设备之间直接共享。这种方法的挑战之一是选择哪些交互应该通过区块链进行，并提供能够在运行时决策的方法。这种方法是综合利用区块链和物联网二者优势的方式。

一般来说，制造企业决定采纳区块链 + 物联网方案之后，可以根据其实际场景的业务需求（例如吞吐量、数据媒介、时间延迟、安全性和资源消耗等）来选择合适的部署方式。图 7-4 所示为三类区块链 + 物联网部署方式和中心化数据库相比较时的优劣势分析[5]。

	物联网-物联网	混合	物联网-区块链	中心数据库
吞吐量	低	中等	高	非常高
延迟	快	中等	慢	快
写入者数量	高	高	高	高
不可信写入者数量	高	低	低	0
数据媒介	区块链/物联网设备	区块链/物联网设备/雾	区块链	云
交互媒介	物联网设备	区块链/物联网设备/雾	区块链	云
共识机制	主要是PoW，少数PoS	PoW，PoS和BFT	BFT协议	无
安全性	低	中等	高	低
资源消耗	低	中等	高	高

图 7-4　区块链 + 物联网部署方式的优劣势对比

作为典型的新一代信息技术的交叉融合，区块链 + 物联网目前尚无业界公认的参考模型和架构设计。2017 年 3 月，中国联通公司联合中兴通讯、阿里巴巴以及多家国外公司共同起草了国际电信联盟 ITU-T SG20 区块物联网（blockchain of things，BoT）建议草案。该建议的标题为"区块物联网作为中心化服务平台的框架（framework of blockchain of things as decentralized service framework）"，致力于研究区块链及相关技术如何改进物联网应用和服务，以及区块物联网的相关概念、特征、高级需求、框架、能力和用例等[6, 7]。

该建议草案提出的区块物联网架构如图 7-5 所示。

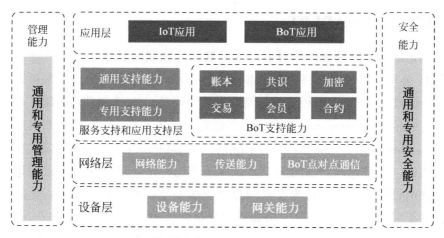

图 7-5 基于物联网参考模型而设计的区块物联网架构（ITU-T SG 20）

不难看出，该架构是以图 7-2 所示的物联网参考架构模型为基础，增加区块链方面的支持能力和应用场景而设计形成的。其中：

（1）设备层：封装区块物联网实体（设备、网关和汇聚节点）的能力，这些实体可以在区块物联网这一不可信的去中心化服务平台上构建可信的交易事务。

（2）网络层：封装区块物联网的网络通信能力、传输能力和点对点通信能力。区块物联网是建立在 P2P 网络上并且通常可视为网络独立的。然而，在某些需要高鲁棒性、高可靠性和高效率的场景（特别是工业和金融领域），则必须考虑特定的网络类型。

（3）服务支持和应用支持层：封装了物联网的通用支持能力和专用支持能力，以及区块物联网的支持能力，包括区块链账本、共识算法、加密技术、交易事务、会员资格以及智能合约等。

（4）应用层：封装了各类物联网和区块物联网应用场景。后者可被部署于物联网设备、网关、汇聚节点或者云平台上。

（5）管理能力：封装区块物联网的通用和专用管理能力。

（6）安全能力：封装区块物联网的通用和专用安全能力。

7.3 区块链 + 物联网典型项目

本节将简单介绍目前主流的三种区块链 + 物联网典型项目，以便使读者对区块链 + 物联网的集成方式与发展态势有整体和深入的认识。

7.3.1　IBM ADEPT

IBM 是区块链领域的先行者，也是首批为物联网领域开发区块链解决方案的 IT 公司，其目标是将物联网和区块链技术有机结合，形成未来所谓的物联网经济或者 M2M 机器经济的新商业模式和愿景。2014 年前后，IBM 与三星电子（Samsung Electronics）合作，在题为"设备民主——拯救物联网的未来（Device Democracy—Saving the Future of the Internet of Things）"报告中提出了区块链＋物联网项目 ADEPT[8]，试图基于比特币底层设计元素来构建分布式物联网设备网络，旨在为物联网提供更加安全、可扩展的去中心化应用架构，以获得更好的可伸缩性、鲁棒性和安全性。ADEPT 的全称是 Autonomous DEcentralized Peer-to-peer Telemetry（去中心化的 P2P 自动遥测系统），其主要思想是：采用集中式方法来构建为数千亿设备服务的云数据中心的方法是昂贵的、缺乏隐私的，而且不是为商业模式持久服务而设计的，因此 ADEPT 致力于实现物联网事务的分布式储存与处理，解决系统的鲁棒性安全设计与隐私保护问题，同时紧密结合具体商业场景与市场需求，为市场定制解决方案。

ADEPT 架构基于 TeleHash（作为消息传递协议）、BitTorrent（作为高效分发层）和 Ethereum（作为智能契约和分散自治组织的平台）三种开源协议：

（1）TeleHash：TeleHash 是一种新的使用 JSON 来共享分布式信息的私人信息传递协议，其基于 Kademlia 在分布式哈希表 DHT 网络上以 P2P 方式采用 UDP 协议来发送 JSON 数据，是非常简单和安全的终端到终端加密库，适合任何应用程序，终端可以是设备、浏览器或者移动应用。

（2）BitTorrent：BitTorrent 协议是架构于 TCP/IP 协议之上的一个 P2P 文件传输协议。ADEPT 采用文件共享协议 BitTorrent 来移动数据，保证 ADEPT 的分散化特性。

（3）Ethereum：由于 Ethereum 能够提供图灵完备的智能合约脚本语言，以支持构建有约束力的智能合约和去中心化自治组织（DAO），ADEPT 采用 Ethereum 作为其底层区块链和智能合约平台。

ADEPT 充分考虑了不同物联网设备的性能差异，其设计为可在三种节点类型上运行，并在其白皮书中定义了适用于这些节点类型的体系结构堆栈，这些节点类型分别为轻型节点、标准节点和节点交易所。

（1）轻型节点（light peer）：轻型节点主要是具有低内存和存储能力的设备，如小型传感器、微型芯片等设备，例如树莓派、Beaglebone 或 Arduino 板等。这些轻型节点的功能主要是执行消息传递,执行最低限度的文件共享功能,保留带有其地址和余额的"轻型钱包"。

（2）标准节点（standard peer）：随着高性能半导体芯片制造成本的下降，大多数设备的运算能力和存储能力都会提高，使这些设备能够在一段特定的时间内满足区块链运作要求，成为 ADEPT 标准节点。标准节点可以根据其功能存储区块链的一部分数据，例如它自己最近的交易或者与其达成合约协议的其他轻型节点的交易。标准节点还支持与轻型节点完成文件传输的功能，它将有能力存储并转发接收验证过的消息，同时可以为自己和其他节点进行区块链账本的浅层分析。

（3）节点交易所（peer exchange）：节点交易所是具有大规模计算能力和存储能力的高端设备，它们可能是一组 ADPET 节点，由组织或商业实体运营，具有托管市场的功能。节点交易所应该具有较大的处理和存储能力以存储完整的区块链数据，并执行复杂的区块链查询与分析。与此同时，节点交易所还能够平衡不同社区产品或者资产之间的供应与需求，从而实现资产的流动性。

IBM 与三星电子联合推出了 IBM ADEPT 的概念证明，并探讨了 ADEPT 在智能制造产业中可能的应用场景[①]。举例来说，未来的智能洗衣机可以自动检测零部件故障，并从区块链上查询零部件是否可保修，同时向洗衣机厂家提交维修服务申请订单。洗衣机厂家同样可以独立地从区块链上验证这次维修订单的各项信息，并在验证通过后提供维修服务。该过程中的信息交互均可以通过 IBM ADEPT 提供的区块链服务完成。

7.3.2　IOTA 及其工业应用

IOTA 是专门为微支付开发的加密货币，旨在成为物联网和 M2M（机器对机器）经济的标准结算系统[②]。与传统区块链技术不同的是，IOTA 构建在一种称为"缠结（Tangle）"的有向无环图（direct acyclic graph，DAG）数据结构之上，而不是传统区块链的链条式区块数据结构。这种基于 DAG 的区块链（或称分布式账本）的优势在于特别适合轻量级的区块链场景，其系统中并没有区块，也不存在交易费，其网络是异步的，事务由 DAG 网络上的每个节点直接或者间接批准来确认。如图 7-6 所示，在这种结构中，每个 DAG 定点表示一个交易（或事务），每条边则表示交易（或事务）之间的验证或批准关系。具体来说，要包含在 DAG 中，每个新交易（或事务）必须批准 DAG 中已经

---

① https://rethinkresearch.biz/articles/ibm-samsung-unveil-adept-blockchain-proof-concept-iot-security/

② https://www.iotachina.com/

包含的任何两个交易（或事务）。交易（或事务）的批准通过从一个交易（或事务）到另一个交易（或事务）的有向边表示。因此，随着新交易（或事务）不断加入区块链，DAG 将会以增量方式不断扩展。

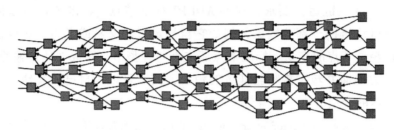

图 7-6　分布式账本 DAG 的"缠结"示意图

截至 2020 年 1 月底，IOTA 作为一种新型加密数字货币，已经拥有 9.5 亿美元市场份额。然而，IOTA 并不只是一种数字货币，其在工业物联网、智能制造和"工业 4.0"领域的应用潜力正在逐渐显现。2018 年 4 月，富士通（Fujitsu）在德国汉诺威会展上提出了 IOTA 及其缠结结构应用于工业过程的概念证明（proof of concept，PoC）[1]，主要目的是应用 IOTA 协议作为制造业产品质量核查与供应链追踪溯源的不可篡改、不可伪造的数据账本。该项目的主要目的是利用基于 IOTA 底层 DAG 区块链作为"不可篡改的数据存储媒介"，来实现供应链过程和生产过程中的审计追踪，进而辅助改进生产质量，记录生产过程中的安全漏洞、数据损坏和欺诈，从而可望有效改善工业生产过程中的数据可信度、透明性和安全性。富士通的 PoC 显示，基于 IOTA 的工业生产具有更高的透明性（质量管理、售后服务、客户关系管理等得到改进）、更为可信的数据（IOTA 可为合规性设计提供密码学安全的数据源），以及更为安全的数据（防止安全漏洞、数据损坏与欺诈等负面影响）等显著优点。

7.3.3　Filament

Filament 同样是一家运用区块链技术为工业物联网提供解决方案的公司[2]。该公司除了采用区块链技术来保障线上数据不可篡改与去中心化执行之外，还聚焦于保障线下设备的硬件安全。

该公司的主要产品之一是一种为嵌入式设备设计的安全合约系统，名为 Blocklet。它采用区块链技术管理从物联网设备的各个部分到印制电路板

---

[1]　https://tokenmantra.com/fujitsu-and-iota-show-new-proof-of-concept-for-the-manufacturing-industry/

[2]　https://filament.com/

（PCB）组装、产品制造、交付给客户的整个过程，实现了硬件设备的可追溯，保障其安全可靠。

在此基础上，设备的各个功能模块都受一个智能合约的管理，包括形成子合约和动态分配临时用户权限的能力。它被用于控制和保护网络访问，规划端到端加密传感器数据通信路线，安全地改变附硬件状态，并促进配置和固件加密更新的部署。同时，该公司开发了一款专用于物联网区块链系统、并且高安全性、低功耗、低成本的芯片，名为 Blocklet 芯片。以上功能将打包在 Blocklet 芯片中，同时还添加了一个重要的附加功能：芯片的每一个请求或操作会生成交易并写入公共或私有分布式账本。这使得执行多种功能的整个设备网络能够输出公有的、值得信赖的历史活动记录，这些活动的真实性可以被审核，每个设备生命周期的各个事件都能被证明。

参考文献

[1] MADAKAM S, RAMASWAMY R, TRIPATHI S. Internet of Things (IoT): A Literature Review[J]. Journal of Computer and Communication, 2015, 3: 164-173.

[2] YI S H, LI C, LI Q. A Survey of Fog Computing: Concepts, Applications and Issues[C]//In Proceedings of the 2015 Workshop on Mobile Big Data. Hangzhou, China, 2015: 37-42.

[3] KHAN W Z, AHMED E, HAKAK S, et al. Edge Computing: A Survey[J]. Future Generation Computer Systems, 2019, 97: 219-235.

[4] 曾帅，袁勇，倪晓春，等．面向比特币的区块链扩容：关键技术，制约因素与衍生问题 [J]. 自动化学报，2019，45(6)：1015-1030.

[5] MAROUFI M, ABDOLEE R, TZEKND B M. On the Convergence of Blockchain and Internet of Things (IoT) Technologies[R/OL]. (2019-10-21). https://arxiv.org/pdf/1904.01936.pdf.

[6] International Telecommunication Union. Framework of Blockchain of Things as Decentralized Service Platform[R/OL]. (2019-08-27). https://www.itu.int/rec/T-REC-Y.4464-202001-P.

[7] International Telecommunication Union. Overview of the Internet of things, Series Y: Global Information Infrastructure[R]. Internet Protocol Aspects and Next-generation Networks, 2012.

[8] IBM Technical Report. ADEPT: An IoT Practitioner Perspective[R/OL]. http://www.smalllake.kr/wp-content/uploads/2016/02/IBM-ADEPT-Practictioner-Perspective-Pre-Publication-Draft-7-Jan-2015.pdf, 2015.

第 8 章

区块链 +
平行制造

信息与网络技术的快速发展以及社会、经济和管理问题的日益复杂化，使得现代制造企业的生产管理与决策过程呈现出前所未有的系统复杂性和社会复杂性，并带来生产制造过程的管理对象多元化、影响因素复杂、信息不完备、决策时效性差等一系列严峻挑战。近年来，虚拟网络空间与现实物理世界的深度耦合与相互影响则进一步加剧了制造企业生产和决策问题的复杂性。传统研究方法已经难以满足新形势下制造企业生产和决策支持的需求。近年来，一种称为平行制造的新型制造模式逐渐兴起并获得学术界和产业界的广泛关注 [1]。平行制造以平行智能理论方法为基础，集成了区块链、知识自动化、开源情报、智联网和软件定义的知识机器人等新兴信息技术，致力于解决社会物理信息系统环境下、兼具高度社会复杂性和工程复杂性的企业生产与制造管理、控制与决策问题。

本章将首先阐述 CPSS，以及 CPSS 环境下智能制造面临的新问题与新需求；然后概述平行智能相关理论方法，以及基于平行智能方法解决 CPSS 环境下的制造问题而提出的平行制造模式；第三节将概述平行区块链的基本思路与体系框架，及其在平行制造中的应用；最后简单介绍开源情报、知识自动化、智联网等与平行制造密切相关的理论与方法。

8.1　面向 CPSS 的智能制造

8.1.1　CPSS 与"工业 5.0"

按照卡尔·波普尔（Karl Popper）的观点，世界是由物理、心理和人工三个世界组成的共同体 [2]。从地表到地下资源，农业和工业社会已全面地开发了我们的物理自然世界和心理精神世界，保障了人类的生存和发展。互联网、物联网、云计算、大数据等理念和技术的到来，预示并已经开拓了人类向人工世界进军、深度开发数据和智力资源、深化农业和工业革命的时代使命。同时，由于网络化和信息化进程的发展，信息空间（Cyberspace）已经成为与物理世界平行的一个新的空间，并使得人工社会从哲学的抽象成为日常的具体应用。人肉搜索、新媒体、Wiki、众包等机制正在快速推动人类的生活空间被数据驱动和虚拟化，知识几乎可以光速传播并获取，其影响可以通过社会关系网络瞬间遍及整个网络空间。一定程度上，社会和生产管理的变革就是利用网络世界无限的数据和信息资源，突破物理世界资源有限的约束，真正地纳"人"于制造系统和生产管理的流程之内。

随着近年来现实世界与虚拟社会融合发展的态势日趋明显，现代社会在物理、心理和信息空间均呈现出深度耦合与强力反馈的态势，形成各种具有不确定性、多样性和复杂性特征的社会物理信息系统，如图 8-1 所示。CPSS 的出现引发了数据规模的爆炸式增长和数据模式的高度复杂化，为网络世界中信息及人员的组织管理带来了新的挑战。新形势下，海量数据处理与深度知识解析成为新常态，传统的专家系统等高度依赖专家智慧的知识处理方式已经难以为继，自动化和智能化的知识处理成为必由之路。CPSS 环境下，社会与人的因素的引入，更使得社会复杂系统由可全面观察、可精确预测和可主动控制的"牛顿系统"，演进为"人在环路中"、兼具高度社会复杂性与工程复杂性的"默顿系统"[3]。

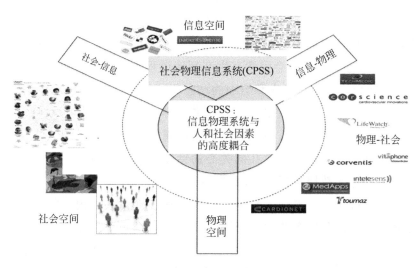

图 8-1　社会物理信息系统

智能制造是复杂的系统工程，智能产品是主体，智能生产是主线，以智能服务为中心的产业模式变革是主题，而信息物理系统和工业互联网只是初步的基础设施。目前，"工业 4.0"以 CPS 为基础，以网络化为特征，把产品、机器、资源有机结合在一起，通过信息通信技术建立一个高度灵活的个性化、数字化、网络化制造模式。在网络化模式下，创造新价值的过程将逐步改变，产业链分工将重组，传统的行业界限将消失，各种新的活动领域和合作形式将出现。网络化的虚拟空间已然成为与现实化的物理空间平行的另一半。社会进入虚实交互的平行时代，即"工业 5.0"。如果说"工业 4.0"的特征是网络化，那么虚实交互、闭环反馈、动态执行的平行化将是"工业 5.0"的最大特征。"工业 4.0"以路由器为核心设备，带来了网络化时代，以致信息和物理系统深入融合，构成了 CPS。随着网络化应用的推进，"工业 5.0"进一步加强了信息和物理系统的融合，并使工业与人类社会充分融合，形成了社会物理信息系统和工业智联网，该系统的核心设备为虚拟人工系统，其运行模式将引领工业迈入平行化产业时代 [1]。

8.1.2　CPSS 环境下的智能制造

就制造业而言，CPSS 是 CPS 在复杂生产制造环境下的自然延展。德国提出的基于 CPS 概念的"工业 4.0"将智能工厂和智慧管理推向了高潮，甚至国内的部分企业寄希望于"工业 4.0"的提出能够全面解决当前工业生产中的一切问题。从学术角度来讲，CPS 是一个在环境感知的基础上，深度融合计算、通信和控制能力的可控、可信、可扩展的网络化物理设备系统，以安全、可靠、高效和实时的方式监测或者控制物理实体。由此可见，基于 CPS 概念的"工业 4.0"未深入考虑人和社会因素在生产制造过程中的重要作用，无法从根本上充分利用社会信号去解决人和组织的动态闭环生产管理与决策问题。

在德国"工业 4.0"的冲击下，中国作为一个制造业大国，如何坚持创新自己的理念、技术和体系，提出自己的工业愿景，树立自己的工业品牌，成为现阶段中国企业界和科学界共同关心的话题。在此背景下，中国科学院自动化研究所王飞跃教授早在 2010 年就提出 CPSS 的概念与理论方法 [4]，认为应该将"人"和社会因素纳入整个生产周期和管理体系之内，将知识自动化引入企业管理中，升华企业的生产决策和智慧管理水平，才能抓住制造业技术变革的关键。

CPSS 是由物理系统、人员组织和社会系统，以及连接二者的 Cyber 系统共同构成的一类通用复杂系统，它通过传感器网络实现物理系统和 Cyber 系统的连接，通过社会传感器网络实现了社会系统和 Cyber 系统的连接，这样"物理 + 社会"系统就能够"等价地"映射到 Cyber 系统中。CPSS 能充分利用泛在的社会大数据信号，实时在线地将人与社会的因素融入系统之内，从而提高人机物一体化系统的效率与可靠性。CPSS 采用开源情报和社会计算手段融合了人员、组织等社会因素，有助于实现更为深入全面的综合自动化。在 CPSS 环境下，用户可实时、动态、灵活地参与工业制造的各个方面，促进其流程管理与系统执行；企业则可以通过众包的方式集合"草根智慧"，高效地完成从创意提出到产品设计、生产、评价及营销等整个生产周期过程。在 CPSS 环境下，基于网络社区的社会需求、价格因素、用户评价能够被实时地采集、分析和计算，为流程工业迅速掌握企业外界环境奠定竞争优势。

8.2　平行智能与平行制造

CPSS 环境下复杂制造系统的生产管理决策过程中，决策对象及其影响因素的特征和行为往往是不可预知的，也不存在最优解决方案，因此难以建立描述其行为的有效方法和模型。为有效解决该问题，需要利用网络开源信息建立人工生产制造系统并对决策问题进行可控、可重复的计算实验，实现对相关决策预案的定性与定量评估。平行智能理论以及在此基础上形成的平行制造模式就是基于这种思路而诞生的虚实结合的新型管理、控制与决策方法。

本节将首先概述平行智能理论及相关方法，然后阐述平行制造的概念框架与流程。

8.2.1　平行智能概述

平行智能是由中国科学院自动化研究所王飞跃教授于 20 世纪初提出的原创性研究范式，其思想可以追溯到 1994 年由王飞跃教授提出的影子系统（shadow systems）[5]，目前已在国防、安全、平行交通、平行控制、平行视觉等十余个典型应用领域有了显著的实践效益和初步的理论结果。平行智能研究主要面向"人在环路中"、兼具高度社会和工程复杂性的社会物理信息三元系统，通过研究数据驱动的描述智能、实验驱动的预测智能，以及互动反馈的引导智能，为不定、多样和复杂问题提供灵捷、聚焦和收敛的解决方案。其基本思路如图 8-2 所示。

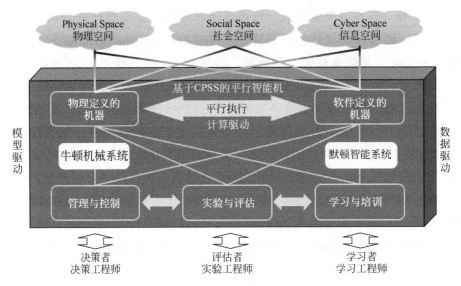

图 8-2　基于 CPSS 的平行智能系统

　　平行智能的有效实现途径之一是"人工社会＋计算实验＋平行执行"（artificial societies＋computational experiments＋parallel execution，ACP）方法。2004 年，王飞跃教授在"平行系统方法与复杂系统的管理与控制"一文中，首次提出了三位一体的 ACP 方法和平行系统技术体系，致力于解决复杂系统难以建模与实验不足等问题[6]。ACP 方法通过形式化地描述复杂系统的特征与行为构建人工系统，利用计算实验对特定场景进行试错与优化，并通过人工与实际系统的虚实交互与闭环反馈实现决策寻优与平行调谐。本质上，平行智能是利用常态情况下"以万变应不变"的离线试错实验与理性慎思，实现非常态情况下"以不变应万变"的实时决策。因此可以说，ACP 方法是实现平行智能的必由之路。

　　ACP 方法的实质是将复杂实际问题向人工虚拟空间扩充之后，以数据为驱动，通过虚实系统的平行互动和协同演化完成复杂管理、控制和决策任务的一种解决问题的方式，是迈向新的计算管理科学的一种有效途径。它利用人工社会对复杂系统进行情景建模，借助计算实验对复杂系统的管理策略进行评估，通过虚实平行运行实现对实际系统的资源管理和优化，从而更好地为企业管理提供科学的决策。

　　数据是 ACP 方法的重要基础。正如戴明（Deming）和德鲁克（Drucker）的名言指出的，"除了上帝，任何人都必须用数据说话""预测未来的最好方法就是创造未来"。这两句名言可以归纳为"数据说话、预测未来、创造未来"。

基于 ACP 的平行智能方法将其转化为基于数据驱动的描述计算、基于预测解析的预测计算以及基于引导反馈的引导计算,并进一步通过"三位一体"的人工社会、计算实验和平行执行方法将之转变为可计算、可实现和可比较的科学方法,从而产生指导实际问题的描述智能、预测智能和引导智能,如图 8-3 所示。

图 8-3 ACP 方法的基本内涵

具体说来,ACP 方法的核心思想和基本步骤如下 [7, 8]。

(1)人工社会:建立实际管理与决策支持系统的人工系统,人工系统要能够反映实际系统的状态和运转规律,实现人工系统和实际系统的"等价";通常可以应用基于 agent(智能体)等数据驱动算法构建人工系统来描述复杂系统,解决复杂系统本质上不能解析建模的问题。

(2)计算实验:以计算机为实验室,通过对人工系统的计算实验来解决真实系统的预测解析;通过建立计算模型,并融合先进的加速计算技术,对实际系统进行实验、分析和评估,从而掌握复杂决策支持系统在各种场景下的演化规律。

(3)平行执行:通过人工系统和实际系统的平行执行和协同演化,实现对实际决策支持系统的控制、管理和优化。

与其他研究方案相比,基于 ACP 方法实现平行智能在解决复杂决策问题方面具有不可替代的优势,包括:系统化地为复杂决策问题提供了基于智能体和人工社会模型的建模方法;提出了基于涌现的计算实验方法,能够为真实决策问题提供机制设计和决策评估支持;提出了平行执行框架,为真实系统的动态分析、优化和管理提供了整体方案。

平行系统和平行智能方法是复杂自适应系统理论和复杂性科学在 CPSS 中的延展和创新,是整体和还原相结合、实际和人工相结合、定性和定量相结合的新型技术框架。平行智能将"强调宏观层面高层涌现与演变规律的整体建模"与"注重微观个体层面特征刻画与行为交互的还原建模"有机结合,通过全面、准确地刻画参与个体的特征、行为和交互机制,实现对复杂系统的整体建模，进而涌现和演变出复杂系统的规律；基于虚拟场景，利用自适应演化等方法驱动实验，评估各类参数配置、技术方案的效果，实现对人和社会对系统影响的建模；通过实际与人工系统协同演化、闭环反馈和双向引导，实现对实际系统的目标优化。总体来说，平行智能的本质就是把复杂系统中"虚"和"软"的部分，通过可定量、可实施、可重复、可实时的计算实验，使之"硬化"，以解决实际复杂系统中不可准确预测、难以拆分还原、无法重复实验等问题 [9, 10]。

8.2.2　平行制造：概念与框架

目前，企业信息化管理已经初步完成信息化和集成化，正在迈向数字化和智能化的方向，"数字工厂""智能工厂"等概念不断涌现，而随着建模技术、计算能力、计算速度和存储能力的增加，企业生产过程也逐渐走向仿真化和虚拟化，"虚拟过程""虚拟企业""虚拟制造"等研究方兴未艾。平行制造系统将在这些现有研究的基础上，进一步融合"数字化""仿真化""可视化"的概念，构建真实制造企业和人工制造企业平行执行、协同演化的新型制造企业生产管控系统，以实现制造企业的岗位学习与培训、方案实验与评估，以及运营管理与优化，如图 8-4 所示。

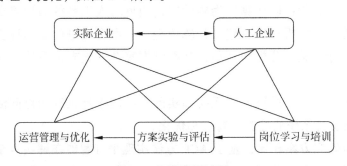

图 8-4　平行制造的概念

平行制造系统利用计算机和智能体仿真技术"培育"和"生长"实际制造系统的替代版本——人工制造系统，使计算机成为"活"的生产制造实验室，将制造仿真从对生产和设备的过程模拟，扩展为对整个 CPSS 系统中包括人在内的生产实体和生产要素的行为和活动模拟，从而使制造过程的计算机仿真升华为制造过程的计算实验；在此基础上，通过计算实验来认识制造系统各要素间正常和非正常状态下的演化规律和相互作用关系，模拟并"实播"制造系统的各种状态和发展特性；最后，通过人工制造系统和实际制造系统的互动与平行执行，对二者的行为进行对比和分析，实现各自未来状况的"借鉴"和"预估",并相应地调节各自的控制与管理方式。与传统方法不同,平行制造系统的控制与管理方法将理论研究、科学实验和计算技术三种科学研究手段相结合,兼顾"表象"和"实质"制造信息,统筹系统的"控制"和"服务"功能,实现"以人为本"的生产管理与制造决策。平行制造模式的实现,将增加对制造过程中人和社会性要素的控制与管理,从而提高对制造系统动态演化机理的认识能力,以及对系统处于正常和非正常状态下的管控能力[1]。

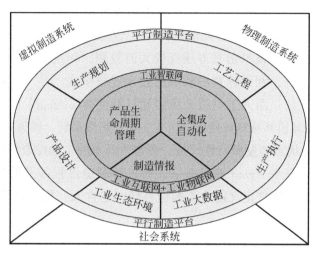

图 8-5　平行制造的概念框架

平行制造的概念框架如图 8-5 所示。平行制造主要针对虚实互动的 CPSS工业环境,借助大数据、云计算、社会计算、机器学习等技术手段,构建实时感知社会需求的企业情报系统,构建与工业流程、车间、工厂、企业等平行的数字化平台及人工系统,促使制造系统由被动管理向主动响应、自适应协调、平行引导的智能制造模式的转变。具体说来,一方面,企业可以利用工业智联网,借助虚实系统的平行演化及闭环反馈,协同优化管理系统内部流程执行、生产制造以及资源调度。另一方面,基于知识自动化技术,社会情报服务系统实时将数据转化为客户需求,快速响应市场变化,同时通过任务分解、快速重组、众包等方式集合小微创新和群体智慧来创造产品,从而减少投放时间、增加市场份额。同时,网民借助物联网、互联网、移动互联网的无缝连接,表达自身个性化需求及创意,可全面参与产品创新的整个生产制造流程,实现实时化、个性化、大规模的智能制造。

平行制造的主要特点可以总结为"人机结合、虚实互动"两点:首先,在"人机结合"方面,平行制造系统在针对 CPS 工程复杂性的传统闭环生产管理基础上,将制造企业的制度规范和人员行为纳入生产管理与控制范畴,实现社会复杂性与工程复杂性一体化的大闭环管理，从根本上考虑了人员行为在运作管理中的核心地位和作用；其次，在"虚实互动"方面，平行制造系统将融合高性能计算技术，以海量数据为驱动，利用构建的人工制造系统进行安全高效的计算实验分析，通过虚实制造系统的平行执行，实现对实际制造系统的双闭环管理，使得计算管理的理念得到切实的实施和应用。

以基于 ACP 方法实现平行制造为例，主要步骤包括构建人工制造系统（A）、设计计算实验场景并实施生产制造流程的计算实验（C），以及实际与人工制造系统的平行互动与协同演化（P）三方面。这里，构建人工制造系统的方法与传统的制造模拟仿真方法有较大的差别。传统制造仿真通过将研究对象分解为子系统，利用计算机和数值技术建模集成，是一种自上而下的被动还原型研究方法；而人工制造系统则通过智能体（agent）的微观交互和相互作用，利用计算机和智能体技术"培育生长"制造系统，模拟并"实播"人工制造系统的各种状态和发展特性，是一种自下而上的主动综合型研究方法[11]。

具体说来，基于 Agent 建模方法，通过对制造过程涉及的实体进行数字化建模，可以构建软件定义的人工制造系统，包含人、机、物等各方面要素，例如：

- 软件定义的人员、班组、车间、组织；
- 软件定义的生产设备与硬件设施；
- 软件定义的管理规章与制度；
- 软件定义的生产资料，例如矿石、合金、辅料、备件等；
- 软件定义的工艺过程与控制方法、管理方法等；
- 软件定义的生产环境与生态环境。

在建立了软件定义的人工制造系统之后，通过计算模拟和涌现观察，分析复杂制造系统的静态属性和动态行为，实现不同计算场景中的计算实验，使得传统的计算模拟变成了"计算实验室"的"试验"过程，成为"生长培育"各类事件的手段，而实际系统中发生的事件只是这个"计算实验"的一种可能结果而已。例如，在生产系统中，可以试验生产方案或制度、原料特性的变化对生产系统的影响，试验操作人员的典型行为对生产系统故障的影响等，也可以用于分析大幅改变调度方案对操作人员和产品质量的影响，预测突发性或周期性的社会需求对系统的干扰，研究在"极限""失效"或"突变"条件下生产系统的行为，界定重大生产事故对企业和社会的冲击以及对应的方案措施进行评估等。

8.2.3 平行制造与数字孪生的异同

数字孪生的概念最早可以追溯到 Grieves 教授于 2003 年在美国密歇根大学的产品全生命周期管理（product lifecycle management，PLM）课程上提出的"镜像空间模型"，其定义为包括实体产品、虚拟产品及两者之间连接的三维模型。2010 年，美国国家航空航天局在太空技术路线图中首次引入了数字孪生的概念，以期采用数字孪生实现飞行系统的全面诊断维护。2011 年，美国空军实验室明确提出面向未来飞行器的数字孪生体范例，指出要基于飞行器的高保真仿真模型、历史数据及实时传感器数据构建飞行器的完整虚拟映射，以实现对飞行器健康状态、剩余寿命及任务可达性的预测。此后，数字孪生的概念开始引起广泛的重视，相关研究机构开始了相关关键技术的研究，数字孪生的应用也从飞行器运行维护拓展到智慧城市、产品研发、装备制造等丰富的场景。

平行系统和数字孪生技术紧密相关，但是它们在研究对象、核心思想、技术方法、应用功能等方面存在显著的不同点。数字孪生本质上是一种与实际系统实时动态数据交互的仿真系统，通过在数字化空间构建镜像实体使物理实体的状态可观、可控。但现实中很难甚至无法实现这些要求，特别是当人和社会因素涉及其中，很多时候根本无真可仿。平行系统强调数字孪生之外的计算实验和引导管控，提供由小数据生成大数据，再由大数据产生深智能和精确知识的机制和平台，从而可以基于人工系统生成大量虚拟场景，并再基于虚拟试错而涌现地分析出系统的全局最优控制方案，自适应地进行优化管理控制。理论上，数字孪生可以视作平行系统的一种特例，可为特定的系统提供实时监测和服务调整及优化。

总体来说，数字孪生与平行系统是两类不同的原创范式，在核心思想、研究对象、架构和实现方法等方面都存在一定的区别 [12]。

（1）哲学基础不同：数字孪生属于还原论范畴，其孪生系统依附于相应物理系统，通常不具有独立性；平行系统则是将整体论与还原论相结合，其人工系统与相应的物理系统协同共生，二者不必完全一致，因而具有一定独立性。与数字孪生相比，平行系统更加强调人和社会因素的作用，强调融合了人的意图的虚拟系统对物理系统的引导和反馈。

（2）研究对象不同：数字孪生侧重于信息空间和物理空间组成的 CPS，而平行系统主要针对社会网络、信息资源和物理空间深度融合的 CPSS。数字孪生基于实时传感数据连接物理世界和数字化虚拟世界，实现在虚拟空间实时监控与同步物理世界的活动，帮助实现大型工程系统的实时感知、动态控制和信息服务，是实现信息和物理空间融合的 CPS 的有效途径。平行系统则专注于研究集成物理系统数据、虚拟的人工系统数据以及泛在社会大数据的 CPSS 系统，其特点是构建人工系统，通过虚拟和实际系统的平行运行，为兼具不确定性、多样性和复杂性的 CPSS 问题提供灵捷、聚焦和收敛的解决方案。

（3）核心思想不同：数字孪生的核心思想是预测控制的"牛顿定律"，即给定当前系统状态与控制条件，可以通过解析方式求解下一时刻状态，从而精确预测系统行为；平行系统则以引导型的"默顿定律"控制和优化系统。默顿系统中，由于各种不可预测或无法获得的变量的存在，即使给定当前的系统状态和控制条件，系统下一步的状态也无法通过求解获得，系统行为也难以准确预测。

（4）基础设施不同：数字孪生的基础设施是"数字双胞胎"，主要由物理实体和描述它的数字镜像组成，数据是连通物理实体和数字镜像的桥梁；平行系统则是由物理子系统、描述子系统、预测子系统、引导子系统构成的"数字四胞胎"架构，其以虚拟的人工系统描述、预测、引导实际物理系统，使物理系统主动逼近更优的人工系统。

（5）实现技术方法不同：数字孪生主要基于物联网传感数据和仿真等手段构建物理实体的数字镜像；而平行系统则是将实际系统中的各要素建模为智能体，基于特定的目标生成大量的人工场景和计算实验过程，通过平行执行循环、在线地引导实际系统逐渐逼近人工系统。

（6）二者的功能不同：数字孪生本质上是一种与实际系统实时动态数据交互的仿真系统，无法评估多种方案、多种参数下的系统表现，其优化控制容易陷入局部最优；平行系统的计算实验则可以基于人工系统生成大量场景，并在其中基于试错实验涌现分析出系统的全局最优控制方案，自适应地进行优化控制。

综上可见，数字孪生还停留在 ACP 方法的第一阶段（即人工社会 A）和部分第二阶段（即计算实验 C），即只建立了描述型的人工系统，并未充分利用其预测、引导结构。因此，数字孪生可以视作平行系统的一种特例或子集，为特定的系统提供实时监测和调整服务。

8.3 区块链赋能的平行制造

区块链技术如何赋能智能制造，本书前述章节已经详述。在平行制造模式下，区块链技术也必然演进为虚实结合的平行区块链。这种平行区块链技术的主要目的就是致力于提高区块链系统管理、控制、优化和决策的效率和效果。本节将首先阐述平行区块链的背景与需求，然后介绍平行区块链在智能制造领域的概念框架 [13, 14]。

8.3.1　平行区块链的背景与需求

作为一项新兴技术，区块链虽然现阶段相关理论研究与产业实践百花齐放，但均处于起步阶段，诸如共识算法、网络结构、智能合约、激励机制等微观层面的核心技术要素尚处于探索、实验和持续优化的状态，而宏观层面的区块链产业生态及其对社会经济的影响也迫切需要实验、分析、评估和必要的监管，这在一定程度上制约着区块链技术在智能制造领域的真正落地。

从当前的应用现状来看，区块链技术尚面临着以下三方面的问题。首先是效能低下（特别是公有链系统），主要体现在挖矿过程、交易打包和区块广播等过程的高延时性、区块大小限制下交易的低通量性，以及挖矿过程的大量算力需求所导致的高能耗性；其次是可控性差，主要体现在去中心化区块链系统中存在的多种共识机制无法自适应调度、区块链个体层面的策略性行为可能会威胁区块链系统的去中心化治理，以及智能合约因缺乏智能性而导致的区块链实际应用受限；第三是安全风险，目前区块链系统面临着多种安全攻击，严重缺乏有效的系统级安全评估手段、网络预警技术和决策支持能力，以及灾后修复技术。这三个问题在深层机理层面相互制约、彼此限制，被业界统称为区块链领域的"不可能三角"问题（即难以实现"效率－去中心化治理－安全"的联合优化），严重制约了区块链技术的应用拓展，成为区块链发展亟须解决的"卡脖子"问题。虽然目前区块链已在制造、金融、能源、数字货币等领域取得了一定的应用进展，然而以上三方面的技术缺陷已俨然成为阻碍区块链技术实现更大规模应用的瓶颈 [15]。

基于计算实验或者建模仿真来对区块链系统实施优化是解决上述问题的有效途径。然而，目前仍然缺乏有效的实验和评估手段。举例来说，技术层面上，共识机制的切换对于区块链系统通常具有重要影响。目前主流区块链（特别是公有链）通常采用渐进式实验方式，以太坊计划采用的 "PoW+PoS（proof of work + proof of stake，工作量证明＋权益证明）" 混合共识机制即是典型案例 [16]：由于 PoW 共识直接切换为 PoS 共识可能为以太坊生态系统带来难以估量的潜在风险，因而不得不采用相对安全的混合机制，即 99% 的绝大多数交易区块采用传统的比特币挖矿式 PoW 共识，而仅有 1% 的区块链采用仍处于实验阶段的 Casper 式 PoS 共识。在此基础上，根据实验效果决定后续的共识切换策略。

由此可见，现有的区块链技术本质上仍然是一种新型的链式数据结构和分布式计算架构，能够有效实现复杂系统的描述性建模和计算，但是欠缺对于区块链系统在自身不同配置条件下和各类应用场景中的计算实验与预测解析能力，同时也欠缺虚实结合、以虚拟引导现实、以人工引导实际的引导与决策能力。这是导致目前区块链技术只能依靠真实系统的"链上"增量式试错实验、或者利用沙盒监管等"摸着石头过河"的经验性决策方法，来实现区块链技术发展与产业生态优化的根本原因。为解决这一问题，当前迫切需要发展一套面向区块链的建模、实验与决策的新理论与新方法，旨在为区块链技术和相关产业提供一套可计算、可实现和可比较的描述建模、预测解析与引导决策方法。

2017 年 4 月，中国科学院自动化研究所王飞跃教授在美国丹佛大学召开的第一届区块链与知识自动化国际研讨会（The First International Symposium on Blockchain and Knowledge Automation，ISBKA）上首次提出并解读了"平行区块链"的概念及其产业应用 [17]。平行区块链技术是平行智能理论方法与区块链技术的有机结合，其基本思想是通过形式化地描述区块链生态系统核心要素（例如计算节点、通信网络、共识算法、激励机制等）的静态特征与动态行为来构建人工区块链系统，利用计算实验对特定区块链应用场景进行试错实验与优化，并通过人工区块链系统与实际区块链系统的虚实交互与闭环反馈实现决策寻优与平行调谐。

具体说来，平行区块链技术通过综合考虑物理、网络和社会三元空间的各种复杂因素，采用理论建模、经验建模和数据建模有机结合的方法，建立与实际区块链系统"伴生"的一个或多个人工区块链系统。实际区块链系统中因缺乏有效的建模、实验和评估手段而引发的问题，可以在人工区块链系统中构建相对应的实验场景，通过对于区块链系统个体（如矿工节点或交易节点）特征与行为的准确建模，以自底向上的涌现方式实施大量的计算实验，模拟并"实播"区块链系统的各种状态与发展特性，从而辅助推理和预测实际区块链系统各核心要素在常态和非常态情况下的演化规律与相互作用关系；实际区块链系统在其整个生命周期内与人工区块链系统协同演化，二者通过特定的平行交互机制与协议相互连接，在数据、模型、场景和决策等要素的实时同步基础上，通过人工系统中"What-if"形式的场景推演和实验探索，实现对各自未来状态的"预估"及其相互"借鉴"，并相应地调节各自的控制与管理方式。

8.3.2 平行区块链 + 智能制造：概念与框架

平行区块链与平行智能制造相结合而形成的平行制造概念框架如图 8-6 所示。平行区块链作为制造系统底层数据存储、传输、验证和共享的基础设施，支撑上层 CPSS 制造环境。此时，制造系统由相互连接的物理世界、网络空间和虚拟世界组成，其中：

- 物理世界主要包括制造系统的物理过程（设备传感网、数据收发器、可视化工具、系统工具、驱动引擎等）和社会过程（社会传感网、社会情报网、数据收发器、系统工具和建模支持等）。
- 网络空间主要包括作为数据和知识传输渠道和载体的互联网、物联网与智联网。
- 虚拟世界则由智能解析层、算法模型层、数据管理层和用户界面层组成，具体内容如图 8-6 所示。

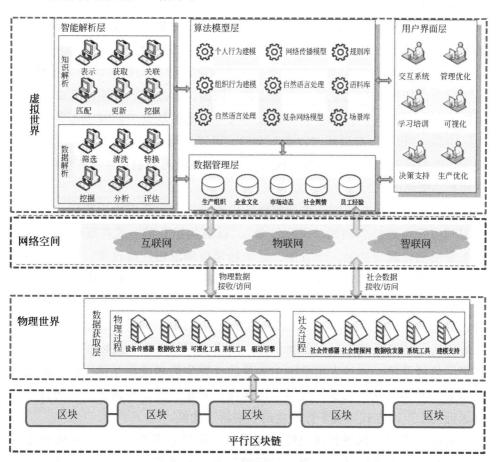

图 8-6 基于平行区块链的智能制造框架

基于平行区块链的智能制造能够利用平行区块链的管理、优化和决策功能，实现智能制造系统的岗位学习与培训、方案实验与评估以及运营管理与控制 [13]。

（1）岗位学习与培训：新兴的区块链技术和智能制造产业已经衍生出巨大的市场培育和技术培训需求。一般来说，随着学习者由浅入深地熟悉和掌握，势必会经历由离线到在线、由链下到链上的演进过程；而真正在制造区块链上操作一方面可能为真实制造区块链系统带来安全性风险，另一方面也可能由于执行特定操作（如执行链上代码）产生实际成本；平行制造区块链则可以安全、灵活和低成本方式实现场景化甚至游戏化的学习与培训过程；平行制造区块链可在真实制造区块链系统的基础上，根据特定学习目标来实例化一个或多个人工制造区块链系统，通过人工与实际制造系统的适当连接组合，使得学习者在人工制造系统中快速掌握制造区块链系统的各项操作及其可能的效果，并量化考核学习与培训的实际效果。

（2）方案实验与评估：真实制造区块链系统通常由于成本、安全和法律等原因而无法进行某些重要的破坏性实验和创新性实验，平行制造区块链则可以计算实验的方式实施这些实验，从而为量化评估制造区块链系统性能、实现制造区块链要素创新提供决策依据。例如，通过在一个模拟真实制造系统的人工制造区块链和多个不同配置的人工制造区块链中同时实施各类"压力"实验、"极限"实验和"攻击"实验，可以在测试评估真实制造区块链的安全性能的同时，搜索能够有效抵御此类破坏性攻击的制造区块链优化配置，从而推动制造区块链技术的创新和发展。

（3）运营管理与控制：平行制造区块链可以作为政府机构和行业组织实施宏观监管与趋势预测的"平行沙盒"，以虚实结合的方式实现制造区块链生态系统的管理与控制。一方面，区块链领域涌现出的新技术、新模式和新业态可首先在一个或多个尽可能逼近实际状态的人工制造区块链系统中实验、测评和完善，达到特定监管目标和性能要求后方可应用于实际制造区块链系统，而以"人工逼近实际"的方式实现平行沙盒的"孵化"功能；另一方面，实际制造区块链系统中发现的新问题、新需求和新趋势也可以实时导入人工制造区块链系统，通过人工系统中大量的计算实验和搜索寻优，获得最优化的新解决方案，并据此引导实际制造区块链系统的发展和演变，从而以"实际逼近人工"的方式实现平行沙盒的"创新"功能。

面向智能制造的平行区块链的基本技术框架如图 8-7 所示，由底层要素库和上层应用组件组成。要素库包括模型库、本体库、机制库、策略库、场景库、算法库、合约库和知识库共 8 类，其可通过各类要素的实例化和合理组装形成一个体系完备的平行区块链系统。其中，模型库存储区块链的各类显性模型，例如智能体模型、区块链数据结构模型（Merkle 树、Patricia 树等）、网络结构模型（P2P 网络、MeshNet 网络等）；本体库存储智能制造领域的领域本体知识库，以增强平台内部各智能体交互的语义互操作性；机制库存储智能体的交互协议和各类共识机制；策略库存储智能体在挖矿、交易等过程中呈现出的典型策略和行为模式；场景库存储平台预定义、可配置的实验场景与参数；算法库存储区块链系统内生的算法（例如难度调整算法）和外部的算法（如驱动实验进行的协同进化算法、深度学习算法等）；合约库存储区块链的各类智能合约；知识库则存储系统优化后获得的管控决策和情境 – 应对规则。

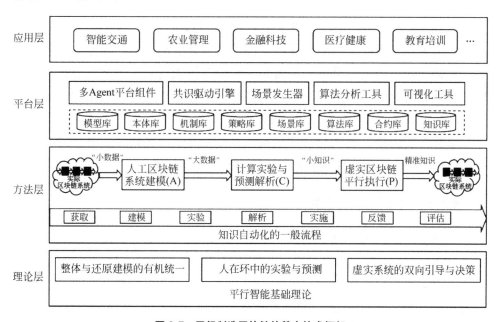

图 8-7　平行制造区块链的基本技术框架

上层应用组件包括多智能体平台组件、场景发生器、共识驱动引擎、算法分析工具和大规模可视化工具等。其中，多智能体平台组件为平台用户提供区块链节点的建模能力、通信协议和交互机制，是自底向上建模方法中最重要的组件之一。多智能体平台组件通常由智能体管理系统、目录服务器和智能体组件构成，并可统一描述内部消息传输和内容语言的语法与语义。场景发生器能够从场景库中动态提取和配置真实或虚拟的计算实验场景，并选择合适的机制、策略或算法等要素加以实例化，形成一个或多个人工区块链系统。共识驱动引擎可在人工区块链系统的基础上完成区块链共识过程的计算实验，并根据计算实验结果更新各个要素库；共识驱动引擎可以基于多种算法加以实现，例如离散事件仿真技术可通过推进仿真时钟和处理离散事件来动态模拟智能体（即区块链节点）之间及与外部环境的交互、通信与达成共识的过程。算法分析工具则通过实时采集和分析区块链计算实验过程中产生的数据实现其优化目标，促使区块链系统由"实验"形态演变为"理想"形态。最后，可视化工具通过动态实时的人机交互界面，以多种形式全方位地呈现计算实验及区块链共识控制的过程 [13]。

8.4 平行制造相关理论与方法

区块链技术为智能制造带来去中心化、不可篡改、不可伪造、安全可信、透明共享等种种优势，而平行区块链技术则为智能制造进一步带来高效的计算、实验、管理和决策手段，从而为平行制造模式奠定了坚实的数据基础和信任基础。实际上，除了区块链技术之外，平行制造以平行智能理论方法为核心，是诸多新一代信息技术和计算模式的集成创新。

本节将概述平行制造的技术体系，并简要介绍开源情报与社会计算、知识自动化、智联网和软件定义的知识机器人等相关技术。

8.4.1 平行制造技术体系

平行制造的技术体系如图 8-8 所示。总体说来，平行制造主要面向兼具工程复杂性和社会复杂性的社会 – 物理 – 信息三元新空间、结合"人工社会＋计算实验＋平行执行"三位一体的 ACP 新方法，利用开源情报与社会计算的大数据解析生成新的知识，以区块链技术作安全可信的数据与信任新基础，以知识自动化作为分析、实验和决策的新技术，在"互联网＋物联网＋智联网"三网合一的新网络环境下，利用软件定义的知识机器人作为新载体，实现智能制造业的知识自动化和平行管理。

基于这一理念和框架，以平行智能为核心的平行制造体系为发展未来的智能制造产业勾勒出了一幅新的蓝图 ①：生产和管理过程将通过平行智能系统执行，这些平行系统是由自然的现实系统和一个或多个虚拟或软件定义的系

---

① http://blog.sciencenet.cn/home.php?mod=space&uid=2374&do=blog&id=1216550

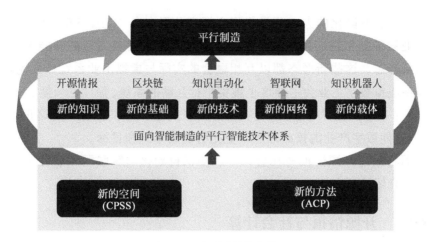

图 8-8　平行制造的技术体系

统所组成的共同系统，通过区块链智能网络联结成可信、可靠、可用、高效的分布自主式组织，这是计算技术和智能分析的自然发展；是现代控制系统和计算机仿真随着系统复杂性和智能化程度增加而导致的必然结果；是弥补很难甚至无法对复杂系统进行精确建模和实验之不足的一种有效手段；也是对复杂系统进行有效管理和控制的一种智能可行的方式。

知识自动化是人工智能的本质与目标，它以自动化的方式变革性地改变知识产生、获取、分析、影响、实施的途径，其关键是如何将数据、信息、情报等与决策和任务无缝、准确、及时、在线地结合起来，从而自动完成各种知识功能与知识服务。

面向知识自动化的智联网将会是新兴的网络和社会化智能的基础设施，其实质是一种全新的、直接针对知识运作的复杂任务协同的智能系统。工业智联网是面向工业领域的智联网，其通过互联网、物联网、人机交互、大数据、云计算、人工智能与知识工程等技术，实现研发、生产、供应、销售、服务等工业全链条的全面智能化联结和运行。

区块链智能可以将散落在社会经济空间各个角落的大数据和智能体联结起来，使其可信、可靠、自主地协同工作和运行，将点状的人工智能、大数据技术系统联结成社会化的大智能系统。从经济学角度，区块链使传统上难以流通和商品化的"注意力"与"信用度"成为可以批量化生产的流通商品，革命性地扩展了经济活动的范围与提高效率的途径，成为形成边际效益递增的新型智能大经济（big economy of intelligence，BEI）的突破口。

社会化、智能化的大工业最终将会把产业形态向"工业 5.0"推进。这是随着工业智能技术在广度和深度上的进一步发展，必将出现的智能大工业和产业的新形态。这些新形态都以互相融合的实际与虚拟工业系统体系为特征，而且最终虚拟数字工业会主导这个虚实平行互动的系统，使"吃一堑、长一智"换个世界：在虚拟世界吃堑，在现实世界长智，低成本，高性能。而这正是"工业 5.0"智能数字产业的核心理念，更是智能的本源和目标。

下面将概述开源情报与社会计算、知识自动化、智联网和软件机器人等前文未曾介绍的新方法。

8.4.2 开源情报与社会计算

现代企业已经能够收集企业内部的海量数据资源，但缺少对企业外部的社会媒体的海量信息的收集、利用和分析。如何实时精准地感知与企业相关的跨媒体信息，并有效利用信息合理地配置企业资源，是企业生产管理亟待解决的关键问题。过去，限于技术条件，网络数据资源的形式多样、高度分散、海量化等特点使其难以被大规模地结构化提取，现在日渐成熟的搜索引擎技术（尤其是面向领域的深度垂直搜索引擎技术）使海量分散网络信息的自动提取与结构化处理变得越来越容易，网络上企业管理的各类即时信息被快速提取、汇集、计算与分析。这些形式多样、海量化的异构数据是企业进行管理和决策的重要数据资源，对于企业运营管理的优化和经济效益的提升具有重要的指导意义 [18, 19]。

开源情报与社会计算技术在制造业中的应用，目的就是利用制造业大数据构建制造业情报系统，其核心是制造业大数据，主要包括制造企业内部工业大数据和制造企业外部的上下游及行业生态相关工业互联网大数据。在制造情报系统中对企业外部生态环境大数据实施情报传感、情报处理与情报解析，为计算实验中的优化和预测提供数据和情报支持，如图 8-9 所示。智能制造需要对企业外部生态环境大数据进行情报和分析，需要迅速收集原材料的价格信息、产品的市场销售情况、市场存量、未来趋势、国家政策、上下游行业信息等基本信息，这些信息往往以文本、图像、视频等格式分布于不同的媒体中，如何实现社会媒体的在线动态感知；如何让这些异构的多源数据进行统一、完整的数据管理与数据共享，实现数据集中智能管理；如何进行动态感知、结构化、存储、管理并对其进行计算建模和知识获取，高保真地利用这些数据和知识，是非常重要的研究内容和核心技术 [1]。

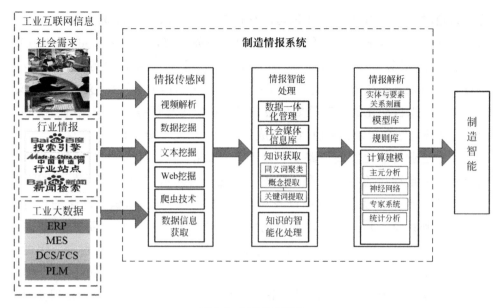

图 8-9 制造情报系统

为了建立制造情报系统，需研究网页信息内容高效采集的聚焦爬虫技术，确保采集信息一致性的增量式融合方法；研究相关数据的校正、清洗和标定技术，实现数据的可用性；构建海量数据的一体化数据管理平台，实现数据的集中智能管理；构建面向制造业的社会媒体信息库，包括实体库、事件库、情感库、观点库的分类体系构建；研究数据信息的同义词聚类、概念术语提取、实体和要素关系刻画等知识获取的技术。

8.4.3　知识自动化

知识自动化是制造业从工业化到智能化演进的必由之路。2013 年，麦肯锡全球研究所（简称麦肯锡）发布《颠覆技术：即将变革生活、商业和全球经济的进展》的报告，预测了 12 项可能在 2025 年之前决定未来经济的颠覆性技术，其中代表"知识工作的自动化"的智能软件系统位居第二。根据麦肯锡的报告，预计到 2025 年，知识工作的自动化每年可直接产生 5.2 万 ~6.7 万亿美元的经济价值。正如工业时代中物理空间需要"实"的工业自动化一样，目前的知识时代或者"智业"时代自然需要虚拟网络和社会空间中"虚"的知识自动化。

知识自动化目前并无精确的定义，粗略地可以定义为是一种以自动化的方式变革性地改变知识产生、获取、分析、影响、实施的有效途径。狭义的知识自动化则可视为广义知识自动化的应用，可以定义为基于知识的服务（knowledge-based services），包括基于信息的服务（information-based services）、基于情报的服务（intelligence-based services）、基于任务的服务（task-based services）以及基于决策的服务（decision-based services）。无论广义的还是狭义的定义，知识自动化的关键是如何将信息、情报等与任务和决策无缝、准确、及时、在线地结合起来，从而自动完成各种知识功能与知识服务[20, 21]。

在制造业智能化发展道路上，离不开从数据到知识再到智慧的知识自动化技术。从自动化的角度来看，知识自动化是将知识作为被控对象，实现对其自动化地产生、获取、应用以及再创造的循环过程。知识自动化的过程，将人嵌入到系统，是人在环内的自动化系统研究和发展的必然要求。知识自动化的本质是将人的行为特征考虑到传统的知识表示、知识工程中。因此，从数据到知识、从知识到人的行为应该是贯穿知识自动化研究的核心。知识的产生、获取、应用和再创造的知识自动化过程可分为知识产生、知识获取、知识运用和知识创新 4 个子过程，如图 8-10 所示。从技术层面讲，如何获取知识是核心[1]。

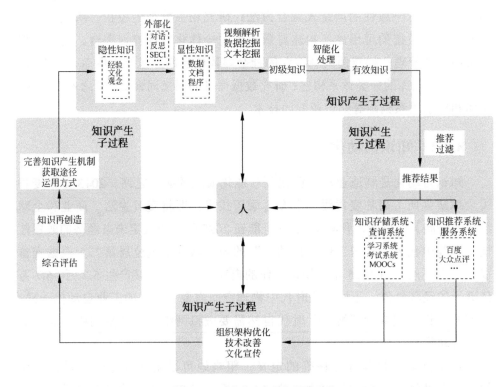

图 8-10　以人为中心的知识自动化

（1）知识产生子过程：知识可以通过视频解析、数据挖掘、文本挖掘或者Web 挖掘等技术手段初步形成。初步知识往往难以直接应用，因此需要将专家经验和数据挖掘技术结合起来，以挖掘过程及挖掘后获取的知识的智能化处理为手段，实现智能化决策支持，形成具有一定价值和实效性的有效知识。

（2）知识获取子过程：主要通过主动的知识搜索或被动的知识推送来实现。知识存储和查询系统可以方便地为人们提供所需要的知识。知识推荐系统和服务系统，通常是电子商务的核心技术，它利用电子商务网站向客户提供商品信息和建议，帮助用户决定购买所需要的产品或服务。基于知识的推荐方法因所使用的功能知识不同而有明显的区别，如基于语义扩展的知识推荐、基于用户情境感知的知识推荐，或基于内部网络结构的知识推荐等。

（3）知识运用子过程：是指企业运用知识子系统形成企业的知识地图，通过调整组织结构、生产技术、管理培训方式等实现对组织架构的优化，技术的改善，企业文化的宣传，达到提高企业竞争力的目的。

（4）知识创新子过程：通过人对知识运用效果的评价以及再创造，完善知识产生机制、获取途径以及知识运用的方式，实现人对知识全生命周期的控制。

8.4.4　智联网

智联网是建立在互联网（数据信息互联）和物联网（感知控制互联）基础上的，以知识自动化系统为核心，以知识计算为核心技术，以获取、表达、交换、关联知识为关键任务，达成智能体群体之间语义层次的联结，实现各智能体所拥有的知识的互联互通。智联网的最终目的是支撑和完成需要大规模社会化协作的、特别是在复杂系统中需要的知识功能和知识服务。基于多网合一的智联网，可构建智能工业系统新形态，即工业智联网，其基本框架如图 8-11 所示 [22, 23]。

工业智联网以互联网、物联网、智联网技术为基础科技，整合工业的各项资源，协调管控工业的各个部门，并实现工业系统的反射智能、反应智能和认知智能。工业智联网需要借助前沿智能系统工程技术来实现，其中包括运用基于 ACP 的虚实平行系统进行智慧管控、基于知识自动化的社会通信云计算，以及基于区块链的 DAO 实现。

更进一步, 工业智联网最大的特征是实现"数信协同""感控协同"和"知智协同"。互联网传输的是数据与信息，实现的是数据和信息的协同（数信协

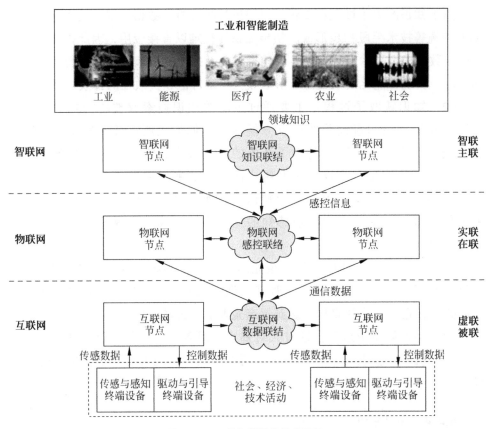

图 8-11　工业智联网的基本框架

同），物联网传输的是传感和管控的信号，实现的是感知和控制的协同（感控协同）；智能网的智能互联，交换的是知识本身，经过充分的交互，在知识的交换中完成复杂知识系统的建立、配置和优化，实现知识和智能的协同（知智协同）。通过这三个层次的协同，海量的智能实体、感控实体、数信实体，组成由知识联结的复杂系统，依据一定的运行规则和机制，如同人类社会般地，形成社会化的自组织、自运行、自优化、自适应、自协作的网络组织。

8.4.5　软件机器人

软件机器人（或者软件定义的知识机器人）是知识自动化技术体系的载体。20 世纪 80 年代，网络化机器人的出现和发展被视为软件机器人的真正开始。通用汽车公司在已有工业机器人应用的基础上，提出"制造自动化协议"（manufacturing automation protocol，MAP）工程以及相应的基于 EIA-1393A 通信协议的 MMFS（manufacturing message format standard）标准，成为"虚拟制造装置"（virtual manufacturing device，VMD）之间通信的标准，最终演化为国际标准 ISO 9506，这为网络化机器人系统以及进一步的软件机器人的形成和实际应用创造了基础条件；20 世纪 90 年代初，基于互联网的工业机器人系统雏形出现，如通过电子邮件和网页控制的 PUMA 和其他机器人系统，并逐渐发展成"网络机器人学"（networked robotics）；20 世纪 90 年代末，提出了远程脑化机器人（remoted brained robots）等概念，并进一步演化成与生物或人类大脑交互的网络控制机器人等相关研究方向；2009 年，欧盟的"机器人地球"（RoboEarth）项目启动，提出要建立机器人自己的 WWW，形成一个关于机器人的巨大网络和相关数据、知识和算法的机器人世界，让机器人可以在 RoboEarth 里共享信息并相互学习各自的行为和环境；2010 年，詹姆斯·库夫纳（James Kuffner）正式提出"云机器人"（cloud enabled robots）和"云机器人学"（cloud robotics）的概念，标志着软件机器人已经与物理机器人分离，成为一个独立的机器人研发与应用领域 [24]。

　　基于平行智能的软件机器人的技术核心是 ACP 方法和平行学习方法，其框架如图 8-12 所示，主要由三部分组成 [25, 26]。

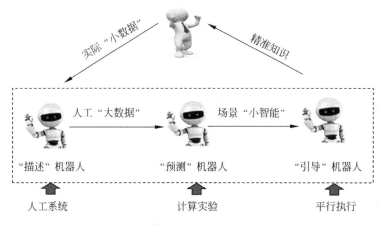

图 8-12　基于平行智能的软件机器人

　　（1）由实际系统的"小数据"驱动，借助知识表示与知识学习等手段，针对实际系统中的各类元素和问题，基于多智能体方法构建可计算、可重构、可编程的软件定义的对象、软件定义的流程、软件定义的关系等，进而将这些对象、关系、流程等组合成软件定义的人工系统，利用人工系统对复杂系统问题进行建模。

　　（2）基于人工系统这一"计算实验室"，利用计算实验方法设计各类智能体的组合及交互规则，产生各类场景，运行产生完备的场景数据，并借助机器学习、数据挖掘等手段，对数据进行分析，求得各类场景下的最优策略。

（3）将人工系统与实际系统并举，通过一定的方式进行虚实互动，以平行执行引导和管理实际系统。从流程上而言，平行系统通过开源数据获取、人工系统建模、计算实验场景推演、实验解析与预测、管控决策优化与实施、虚实系统实时反馈、实施效果实时评估的闭环处理过程，实现从实际系统的"小数据"输入人工系统，基于博弈、对抗、演化等方式生成人工系统"大数据"，再通过学习与分析获取针对具体场景的"小知识"，并通过虚实交互反馈逐步精细化针对当前场景的"精准知识"的过程。

现阶段，物联网、大数据、云计算等新一代信息技术为软件机器人建立了技术基础，而机器学习、人工智能、智能控制等智能技术，特别是众包（包括人类的众包和机器的众包）又为软件机器人提供了发展的动力。可以预见，软件机器人的深入和进一步发展，必须将机器人的物理形态与软件形态进一步分离，同时在分离的基础上更加深度地融合，形成基于知识自动化的平行机器人，促进智能制造相关产业的发展。

参考文献

[1]　王飞跃，高彦臣，商秀芹，等．平行制造与工业 5.0：从虚拟制造到智能制造 [J]. 科技导报，2018，21：10-22.

[2]　POPPER K. The Open Society and Its Enemies: The Spell of plato[M]. London: Routledge, 1945.

[3]　王飞跃．软件定义的系统与知识自动化：从牛顿到默顿的平行升华 [J]. 自动化学报，2015，41(1)：1-8.

[4]　WANG F Y. The Emergence of Intelligent Enterprises: From CPS to CPSS[J]. IEEE Intelligent Systems, 2010, 25(4): 85-88.

[5]　WANG F Y. Shadow Systems: A New Concept for Nested and Embedded Co-simulation for Intelligent Systems[R]. Tucson, Arizona State, USA: University for Arizona, 1994.

[6]　王飞跃．平行系统方法与复杂系统的管理和控制 [J]. 控制与决策，2004，19(5)：485-489.

[7]　王飞跃．人工社会、计算实验、平行系统 —— 关于复杂社会经济系统计算研究的讨论 [J]. 复杂系统与复杂性科学，2004，1(4)：25-35.

[8]　王飞跃．关于复杂系统研究的计算理论与方法 [J]. 中国基础科学，2004，6(5)：3-10.

[9]　WANG F Y, WANG X, LI L X, et al. Steps Toward Parallel Intelligence[J]. IEEE/CAA Journal of Automatica Sinica, 2016, 3(4): 345-348.

[10]　WANG F Y, ZHANG J J, ZHENG X H, et al. Where does AlphaGo Go: From Church-Turing Thesis to AlphaGo Thesis and Beyond[J]. IEEE/CAA Journal of Automatica Sinica, 2016, 3(2): 113-120.

[11] 王飞跃, 史帝夫·兰森. 从人工生命到人工社会 —— 复杂社会系统研究的现状和展望 [J]. 复杂系统与复杂科学, 2004, 1(1): 33-41.

[12] 杨林瑶, 陈思远, 王晓, 等. 数字孪生与平行系统: 发展现状、对比及展望 [J]. 自动化学报, 2019, 45(11): 2001-2031.

[13] 袁勇, 王飞跃. 平行区块链: 概念、方法与内涵解析 [J]. 自动化学报, 2017, 43(10): 1703-1712.

[14] 袁勇, 王飞跃. 区块链技术发展现状与展望 [J]. 自动化学报, 2016, 42(4): 481-494.

[15] 曾帅, 袁勇, 倪晓春, 等. 面向比特币的区块链扩容: 关键技术, 制约因素与衍生问题 [J]. 自动化学报, 2019, 45(6): 1015-1030.

[16] 袁勇, 倪晓春, 曾帅, 等. 区块链共识算法的发展现状与展望 [J]. 自动化学报, 2018, 44(11): 2011-2022.

[17] WANG F Y. Parallel Blockchain: Concept, Techniques and Applications[R]. Keynote Speech in the First International Symposium on Blockchain and Knowledge Automation, Denver, USA, 2017.

[18] 王飞跃. 社会信号处理与分析的基本框架: 从社会传感网络到计算辩证解析方法 [J]. 中国科学: 信息科学, 2013, 43(12): 1598-1611.

[19] 王飞跃, 李晓晨, 毛文吉, 等. 社会计算的基本方法与应用 [M]. 杭州: 浙江大学出版社, 2013.

[20] 王飞跃, 张俊, 王晓. 知识计算和知识自动化: 新轴心时代的核心需求 [J]. 张江科技评论, 2017, 4: 25-27.

[21] 王飞跃. 天命唯新: 迈向知识自动化——《自动化学报》创刊 50 周年专刊序 [J]. 自动化学报, 2013, 39(11): 1741-1743.

[22] 王飞跃, 张俊. 智联网: 概念、问题和平台 [J]. 自动化学报, 2017, 43(12): 2061-2070.

[23] 王飞跃, 张军, 张俊, 等. 工业智联网: 基本概念、关键技术与核心应用 [J]. 自动化学报, 2018, 44(9): 1606-1617.

[24] 白天翔, 王帅, 沈震, 等. 平行机器人与平行无人系统: 框架、结构、过程、平台及其应用 [J]. 自动化学报, 2017, 43(2): 161-175.

[25] 刘昕, 王晓, 张卫山, 等. 平行数据: 从大数据到数据智能 [J]. 模式识别与人工智能, 2017, 30(8): 673-681.

[26] 李力, 林懿伦, 曹东璞, 等. 平行学习——机器学习的一个新型理论框架 [J]. 自动化学报, 2017, 43(1): 1-8.

区块链 + 智能制造: 应用与案例
教学资源下载